工程施工与质量简明手册丛书

绿色建筑

姚建顺 毛建光 王云江 ◎ 主编

中国建材工业出版社

图书在版编目（CIP）数据

绿色建筑/姚建顺，毛建光，王云江主编. —北京：中国建材工业出版社，2018.11

工程施工与质量简明手册丛书 /王云江主编

ISBN 978-7-5160-2420-1

Ⅰ.①绿… Ⅱ.①姚… ②毛… ③王… Ⅲ.①生态建筑.建筑施工.技术手册 Ⅳ.①TU74-62

中国版本图书馆 CIP 数据核字（2018）第 211683 号

绿色建筑

姚建顺　毛建光　王云江　主编

出版发行：中国建材工业出版社

地　　址：北京市海淀区三里河路 1 号

邮　　编：100044

经　　销：全国各地新华书店

印　　刷：北京雁林吉兆印刷有限公司

开　　本：787mm×1092mm　1/32

印　　张：5.75

字　　数：130 千字

版　　次：2018 年 11 月第 1 版

印　　次：2018 年 11 月第 1 次

定　　价：38.00 元

本社网址：www.jccbs.com，微信公众号：zgjcgycbs

本书如有印装质量问题，由我社市场营销部负责调换，联系电话：（010）88386906

内 容 简 介

本书是依据现行国家和行业的施工与质量验收标准、规范，并结合绿色建筑施工与质量实践编写而成的，基本覆盖了绿色建筑施工的主要领域。本书旨在为绿色建筑施工人员提供一本简明实用、方便携带的小型工具书，便于他们在施工现场随时参考、快速解决实际问题，保证工程质量。本书包括基本规定、墙体工程、幕墙工程、门窗工程、屋面工程、地面工程、供暖工程、通风与空调工程、建筑电气工程 、监测与控制工程、给水排水工程、室内环境、场地与室外环境、景观环境工程、可再生能源系统、现场检测、质量验收、绿色施工技术，共18章。

本书可作为建筑领域设计、施工人员的学习参考用书，也可供高等院校建筑相关专业师生阅读。

《工程施工与质量简明手册丛书》编写委员会

《工程施工与质量简明手册丛书——绿色建筑》编　委　会

主编单位： 华煜建设集团有限公司

参编单位： 浙江中南建设集团有限公司建筑设计院

杭州余杭建筑设计院有限公司

浙江天辰建筑设计有限公司

临安市建筑设计院有限公司

杭州众晟建筑加固工程有限公司

浙江洪韬建设有限公司

前　言

为及时有效地解决建筑施工现场的实际技术问题，我社策划出版“工程施工与质量简明手册丛书”。本丛书为系列口袋书，内容简明、实用，“身形”小巧，便于携带，随时查阅，使用方便。

本系列丛书各分册分别为《建筑工程》《安装工程》《装饰工程》《市政工程》《园林工程》《公路工程》《基坑工程》《楼宇智能》《城市轨道交通》《建筑加固》《绿色建筑》《城市轨道交通供电工程》《城市轨道交通弱电工程》《城市管廊》《海绵城市》《管道非开挖（CIPP）工程》。

本书是依据现行国家和行业的施工与质量验收标准、规范，并结合绿色建筑施工与质量实践编写而成的，基本覆盖了绿色建筑施工的主要领域。本书旨在为绿色建筑施工人员提供一本简明实用、方便携带的小型工具书，便于他们在施工现场随时参考、快速解决实际问题，保证工程质量。本书包括基本规定、墙体工程、幕墙工程、门窗工程、屋面工程、地面工程、供暖工程、通风与空调工程、建筑电气工程、监测与控制工程、给水排水工程、室内环境、场地与室外环境、景观环境工程、可再生能源系统、现场检测、质量验收、绿色施工技术，共18章。

对于本书中的疏漏和不当之处，敬请广大读者不吝指正。

编　者

2018. 09. 01

目　录

1 基本规定

绿色建筑工程应按照设计文件和经审查批准的施工方案施工。

工程设计变更不得降低原设计的绿色建筑性能，且不得低于国家现行有关绿色建筑设计标准的规定。

绿色建筑工程采用的新技术、新材料、新设备，应按照有关规定进行论证。

未实行监理的建筑工程，建设单位相关专业技术人员应履行本规程涉及的监理职责。

绿色建筑工程使用的材料、构件和设备等，必须符合设计要求及国家有关规程的规定。

材料、构件和设备的进场验收应遵守下列规定：

1. 对材料、构件和设备的品种、规格、包装、外观等进行检查验收，并应经监理工程师确认，形成相应的验收记录；

2. 对材料、构件和设备的质量证明文件进行核查，并应经监理工程师确认，纳入工程技术档案。进入施工现场的材料、构件和设备均应具有出厂合格证、中文说明书及相关性能检测报告；

3. 应按照本规程附录 A 的规定在施工现场随机抽样检测，抽样检测应为见证取样检测。当检测结果不合格时，则不得使用该材料、构件和设备；

4. 经绿色建筑产品认证或具有节能标识的材料、构件和设备，见证取样送检时，可按规定数量的50%进行抽样检测。

在同一工程中，同厂家、同类型、同规格的节能材料、构件和设备连续三次见证取样检测均一次检验合格时，其后的现场抽样检测数量，可按规定抽样数量的50%进行抽样检测。

当按规定数量50%抽样检测后出现不合格时，除按“不合格”处理外，其余材料进场时仍应按原规定抽样数量进行抽样检测。

绿色建筑工程的现场检测应符合附录B的规定。

检验批抽样样本应随机抽取，满足分布均匀，具有代表性的要求。

绿色建筑工程采用的预制构件和定型产品，以及采用成套技术现场施工的外墙外保温工程，供应单位应提供型式检验报告。型式检验报告的有效期应符合相应标准的规定，当标准无规定时，型式检验报告的有效期不应超过2年。

绿色建筑工程使用的材料应符合国家现行有关标准对材料有害物质限量的规定，不得对室内外环境造成污染。

绿色建筑分部工程分为室外工程的一个分部和单位建筑工程的一个分部。室外工程绿色建筑分部质量验收的划分应符合表1.1的规定。单位建筑工程绿色分部质量验收的划分，应符合下列规定：

1. 绿色建筑子分部工程和分项工程划分应符合表1.2的规定；

2. 绿色建筑工程应按照分项工程进行验收。当绿色建筑分项工程的工程量较大时，可以将分项工程划分为若干个检验批进行验收。

3. 表1.1和1.2中子分部工程验收时，应根据各系统的实际情况，增加相应的分项工程并按照相应的标准进行验收。

表1.1 室外工程绿色建筑分部工程划分

序号	子分部工程	分项工程
1	场地与室外环境	场地与室外环境
2	景观环境工程	景观环境工程

表1.2 建筑工程绿色建筑分部工程和分项工程划分

序号	子分部工程	分项工程
1	围护结构工程	墙体工程 幕墙工程 门窗工程 屋面工程 地面工程
2	空调工程	供暖工程 通风与空调工程
3	建筑电气工程	建筑电气工程
4	监测与控制工程	监测与控制工程
5	给水排水工程	给水排水工程
6	室内环境	室内声学环境 室内采光环境 室内空气质量和温湿度 室内通风
7	可再生能源	太阳能热水系统 太阳能光伏系统 地源热泵系统

当绿色建筑工程验收无法按照第 1.11 条要求划分分项工程或检验批时，可由建设、监理、施工等各方协商划分检验批；其验收项目、验收内容、验收标准和验收记录应符合设计和相关标准的规定。

当按计数方法检验时，抽样数量除本规程专门规定外，应符合表 1.3 的规定。

表 1.3　检验批最小抽样数量

检验批的容量	最小抽样数量	检验批的容量	最小抽样数量
2～15	2	151～280	13
16～25	3	281～500	20
26～50	5	501～1200	32
51～90	6	1201～3200	50
91～150	8	3201～10000	80

绿色建筑工程应进行能效测评并应符合上海市 DG/TJ 08-2078—2010《民用建筑能效测评标识标准》的规定。

本条阐述本规程适用于绿色建筑施工的依据。设计单位是工程质量责任主体之一，设计文件是工程施工及质量验收的主要依据。施工方案是落实设计文件和有关标准规范的措施和指导施工操作的依据，要求必须具备。

施工前，施工单位应编制施工组织设计，并将绿色建筑主要内容列入施工组织设计，对于绿色建筑工程的专项施工，施工前应制订专项施工方案。

施工组织设计的编制和审批应符合国家标准 GB/T 50502《建筑施工组织设计规范》的规定。

施工组织设计按编制对象，可分为施工组织总设计、单位工程施工组织设计和施工方案。

施工组织设计是指以施工项目为对象编制的，用以指导施工的技术、经济和管理的综合性文件。

单位工程施工组织设计指以单位（子单位）工程为主要对象编制的施工组织设计，对单位（子单位）工程的施工过程起指导和制约作用。

施工方案是指以分部（分项）工程或专项工程为主要对象编制的施工技术与组织方案，用以具体指导其施工过程。

施工组织设计应包括编制依据、工程概况、施工部署、施工准备、施工进度计划与资源配置计划、主要施工方法、施工现场平面布置及主要施工管理计划等基本内容。

施工组织设计的编制和审批应符合下列规定：

1. 施工组织设计应由项目负责人主持编制，可根据需要分阶段编制和审批；

2. 施工组织总设计应由总承包单位技术负责人审批；单位工程施工组织设计应由施工单位技术负责人或技术负责人授权的技术人员审批；施工方案应由项目技术负责人审批；重点、难点分部（分项）工程和专项工程施工方案应由施工单位技术部门组织相关专家评审，施工单位技术负责人审批；

3. 由专业承包单位施工的分部（分项）工程或专项工程的施工方案，应由专业承包单位技术负责人或技术负责人授权的技术人员审批；有总包单位时，应由总承包单位项目技术负责人核准备案；

4. 规模较大的分部（分项）工程和专项工程的施工方案应按单位工程施工组织设计进行编制和审批。

本条是强制性条文。由于材料供应、工艺改变等原因，建筑工程施工中可能需要改变设计。为了避免这些改变影响绿色建筑工程的质量，本条对涉及绿色建筑的设计变更加以限制，任何变更不得影响绿色建筑原设计等级。确定变更后，应获得监理或建设单位的确认。变更时不得降低标准，主要是指相应指标和有关观感质量，验收时应按照变更后的设计文件进行验收。

国家鼓励建筑工程采用“四新”技术，但由于“四新”技术尚没有标准可作为依据，为了防止不成熟的技术或材料被应用到工程上，因此对“四新”技术要进行论证。原建设部令第81号《实施工程建设强制性标准监督规定》第五条规定“工程建设中拟采用的新技术、新工艺、新材料，不符合现行强制性标准规定的，应当由拟采用单位提请建设单位组织专题技术论证，报批准标准的建设行政主管部门或者国务院有关主管部门审定”，2015年6月12日国务院发布的第662号令《建设工程勘察设计管理条例》第二十九条规定“建设工程勘察、设计文件中规定的采用新技术、新材料，可能影响建设工程质量和安全，又没有国家技术标准的，应当由国家认可的检测机构进行试验、论证，出具检测报告，并经国务院有关部门或者省、自治区、直辖市人民政府有关部门组织的建设工程技术专家委员会审定后，方可使用”。

此外，与“四新”技术类似的，还有新的或首次采用的施工工艺，施工单位在施工前也应制订专门的施工技术方案以保证其实施效果和验收的可操作性。

未实行监理的建筑工程，建设单位应承担工程管理中监理单位的职责，具体应符合GB/T 50319《建设工程监理规范》的规定。

没有“标准”的材料、构件、设备等，不能直接应用于工程，应按照本规程1.17条的规定处理。国家和各个地方会适时发布禁止与淘汰的材料和设备，在设计与施工中应遵守规定。

材料、构件和设备质量是保证绿色建筑工程质量的前提，由于在现场经常发现不合格的材料、构件、设备，所以要加强抽样检测，以控制质量。

建筑节能产品认证或具有节能标识的材料、构件和设备，已经过一定的程序，进行过检测、认证，所以规定抽样检测数量可以减少一半，以减少检测费用。在同一工程中，同厂家、同类型、同规格的节能材料、构件和设备连续三次见证取样检测均一次检验合格时，其后的检测数量也可减少一半，但要注意的是前提条件。

无论是抽样检查还是抽样检测，均应随机抽取，且分布应均匀，不得指定部位。当发现有明显缺陷或经抽样不符合要求时，应进行整改，整改后再检验。不得局部整改后在整改部位上检验。

型式检验报告是由生产厂家委托具有相应资质的检测机构，对定型产品或成套技术的全部性能指标进行检验出具的检验报告。通常在产品定型鉴定、正常生产期间规定时间内、出厂检验结果与上次型式检验结果有较大差异，材料及工艺参数改变、停产后恢复生产或有型式检验要求时进行。型式检验报告的有效期一般由相应标准确定，相应标准未规定的，本规范规定不超过两年。

有害物质限量是对环境的基本要求，国家有相应的有害物质限量标准，在其他分部工程中有相应的要求，由于环境质量是绿色建筑的一部分，因此提出本条要求。

本文给新系统、新技术留了一个空间，如围护结构节能子分部工程中系统较多，材料、工艺又不尽相同，不可能用一个标准去控制质量，并且各外墙保温系统都有相应的技术规程或应用规程、技术指标要求和不同的质量要求，除外墙外保温系统外还有如建筑遮阳系统，就有若干个不同的遮阳系统，也就是不同的遮阳分项工程，所以应根据不同的系统，增加相应的分项工程。

2 墙体工程

2.1 施工要点

本章适用于采用板材、浆料、块材及预制复合墙板等墙体保温材料或构件的建筑墙体节能工程施工质量验收。

主体结构完成后进行施工的墙体节能工程，应在基层质量验收合格后施工，施工过程中应及时进行质量检查、隐蔽工程验收和检验批验收，施工完成后应进行墙体节能分项工程验收。与主体结构同时施工的墙体节能工程，应与主体结构一同验收。

墙体节能工程应对下列部位或内容进行隐蔽工程验收，并应有详细的文字记录和必要的图像资料：

1. 保温层附着的基层及其表面处理；

2. 保温板粘结或固定；

3. 锚固件及锚固节点做法；

4. 增强网层数、大面铺设及门窗洞口部位翻包增强网做法；

5. 墙体热桥部位处理；

6. 预置保温板或预制保温墙板的位置、界面处理、锚固、板缝及构造节点；

7. 现场喷涂或浇注有机类保温材料的界面；

8. 被封闭的保温材料厚度；

9. 保温隔热砌块填充墙；

10. 各种变形缝处的节能施工做法。

墙体节能工程的保温材料在运输、储存和施工过程中应采取防潮、防水、防火等保护措施。

墙体节能工程验收的检验批划分除本规范和另有规定外，应符合下列规定：

1. 采用相同材料、工艺和施工做法的墙面，每 $1000m^2$ 扣除窗洞后的保温墙面面积划分为一个检验批，不足 $1000m^2$ 也为一个检验批。

2. 检验批的划分也可根据与施工流程相一致且依据方便施工与验收的原则，由施工单位与监理（建设）单位共同商定。

2.2 质量要点

用于墙体节能工程的材料、构件等，其品种、规格、性能应符合设计要求和相关标准的规定。

检验方法：观察、尺量检查；核查质量证明文件。

检查数量：全数检查。

墙体节能工程使用的材料，其下列性能应符合设计要求：

1. 保温隔热材料的导热系数或热阻、密度、压缩强度或抗压强度、垂直于板面方向的抗拉强度、有机保温材料的燃烧性能、外墙体保温隔热材料的吸水率、内墙体有机保温材料的烟密度、烟毒性；

2. 保温砌块、构件等定型产品的传热系数或热阻、抗压强度；

3. 反射隔热涂料的太阳光反射比、半球发射率；

4. 粘结材料的拉伸粘结强度；

5. 抹面材料的拉伸粘结强度、压折比；

6. 增强网的力学性能、抗腐蚀性能。

检验方法：核查质量证明文件及进场复验报告。

检查数量：全数检查。

墙体节能工程使用的材料，进场时，应对其下列性能进行复验，复验应为见证取样送检：

1. 保温隔热材料的导热系数或热阻、密度、压缩强度或抗压强度、垂直于板面方向的抗拉强度，有机保温材料的燃烧性能，外墙体保温隔热材料的吸水率，内墙体有机保温材料的烟密度、烟毒性；

2. 保温砌块、构件等定型产品的传热系数或热阻、抗压强度；

3. 反射隔热涂料的太阳光反射比，半球发射率；

4. 粘结材料的拉伸粘结强度；

5. 抹面材料的拉伸粘结强度、压折比；

6. 增强网的力学性能、抗腐蚀性能。

检验方法：随机抽样送检，核查复验报告。

检查数量：同厂家、同品种有机保温隔热材料产品，其燃烧性能按照建筑面积抽查：建筑面积 10000m^2 以下的每 5000m^2 至少抽查 1 次，不足 5000m^2 时也应抽查 1 次；超过 10000m^2 时，每增加 10000m^2 应至少增加抽查 1 次。

其他各项参数的抽查，按照同厂家、同品种产品，外墙、内墙每 1000m^2 扣除窗洞后的保温墙面面积使用的材料为一个检验批，每个检验批应至少抽查 1 次；不足 1000m^2 时也应抽查 1 次；超过 1000m^2 时，每增加 2000m^2 应至少增加抽查 1 次；超过 5000m² 时，每增加 5000m² 应增加抽查 1 次。

同工程项目、同施工单位且同时施工的多个单位工程（群体建筑），可合并计算保温墙面抽检面积。

外墙外保温工程应采用预制构件、定型产品或成套技术，由供应商统一提供配套的组成材料，并同时提供型式检验报告。型式检验报告中应包括耐候性和抗风压检验。

检验方法：核查型式检验报告、抽样检验报告。

检查数量：按照构件、产品或成套技术的类型进行核查。

寒冷地区外保温使用的抹面材料，其冻融试验结果应符合该地区最低气温环境的使用要求。

检验方法：核查质量证明文件。

检查数量：全数检查。

墙体节能工程施工前应按照设计和施工方案的要求对基层进行处理，处理后的基层应符合保温层施工方案的要求。

检验方法：对照设计和施工方案观察检查；核查隐蔽工程验收记录。

检查数量：全数检查。

墙体节能工程各层构造做法应符合设计要求，并应按照经过审批的施工方案施工。

检验方法：对照设计和施工方案观察检查；核查隐蔽工程验收记录。

检查数量：全数检查。

2.3 质量标准

墙体节能工程的施工，应符合下列规定：

1. 保温隔热材料的厚度必须符合设计要求；

2. 保温板材与基层及各构造层之间的粘结或连接必须牢固；保温板材与基层的连接方式、拉伸粘结强度和粘结面积比应符合设计要求；保温板材与基层的拉伸粘结强度应进行现场拉拔试验，粘结面积比应进行剥离检验；

3. 当采用保温浆料做外保温时，厚度大于 20mm 的保温浆料应分层施工；保温浆料与基层之间及各层之间的粘结必须牢固，不应脱层、空鼓和开裂；

4. 当墙体节能工程的保温层采用预埋或后置锚固件固定时，锚固件数量、位置、锚固深度、胶结材料性能和锚固拉拔力应符合设计和施工方案要求；对于后置锚固件，当设计或施工方案对锚固力有具体要求时，应做锚固力现场拉拔试验。

检验方法：观察；手扳检查；核查隐蔽工程验收记录和检验报告。保温材料厚度采用现场尺量、钢针插入或剖开检查；粘结面积比按照本规程附录 D 进行现场检验；拉伸粘结强度按照本规程附录 E 进行现场检验；锚固拉拔力按照 JGJ 145《混凝土后锚固技术规程》进行现场检验。

检查数量：每个检验批抽查不少于 3 处。

保温砌块砌筑的墙体（自保温墙体），应采用具有保温功能的砂浆砌筑。砌筑砂浆的强度等级及导热系数应符合设计要求。砌体的水平灰缝饱满度不应低于 90%，竖直灰缝饱满度不应低于 80%。

检验方法：对照设计检查砂浆品种，用百格网检查灰缝砂浆饱满度。核查砂浆强度及导热系数试验报告。

检查数量：砂浆品种和试验报告全数核查。砂浆饱满度每楼层的每个施工段至少抽查一次，每次抽查5处，每处不少于3个砌块。

采用预制保温墙板现场安装的墙体，应符合下列规定：

1. 保温墙板的结构性能、热工性能及与主体结构的连接方法应符合设计要求，与主体结构连接必须牢固；

2. 保温墙板的板缝处理、构造节点及嵌缝做法应符合设计要求；

3. 保温墙板板缝不得渗漏。

检验方法：核查型式检验报告、出厂检验报告和隐蔽工程验收记录。对照设计观察，淋水试验检查。

检查数量：型式检验报告、出厂检验报告全数检查；其他项目每个检验批抽查5%，并不少于3块（处）。

采用防火隔离带构造的外墙外保温工程施工前，应编制施工技术方案，并应在施工前采用与施工技术方案相同的材料和工艺制作防火隔离带样板墙。

检验方法：核查施工技术方案、对照设计要求检查样板墙。

检查数量：全数检查。

防火隔离带的组成材料应与外墙外保温组成材料相配套。防火隔离带应为工厂预制的现场安装制品，并应与基层墙体可靠连接。防火隔离带抹面胶浆、玻璃纤维网格布应采用与外墙外保温相同的材料。

检验方法：对照设计观察检查。

检查数量：全数检查。

建筑外墙外保温防火隔离带保温材料的燃烧性能等级应为A级，并应提供耐候性试验报告。

检验方法：核查质量证明文件及检验报告。

检查数量：全数检查。

外墙热桥部位，应按设计要求采取隔断热桥措施。

检验方法：对照设计和施工方案观察检查。核查隐蔽工程验收纪录。使用热成像仪检查。

检查数量：按不同热桥种类，每种抽查20%，并不少于5处。

进场节能保温材料与构件的外观和包装应完整无破损，符合设计要求和产品标准的规定。

检验方法：观察检查。

检查数量：全数检查。

当采用增强网作为防止开裂的措施时，增强网的铺贴和搭接应符合设计和施工方案的要求。砂浆抹压应密实，不得空鼓，加强网应铺贴平整，不得皱褶、外露。

检验方法：观察检查；核查隐蔽工程验收记录。

检查数量：每个检验批抽查不少于5处，每处不少于$2m^2$。

施工产生的墙体缺陷，如穿墙套管、脚手眼、孔洞等，应按照施工方案采取隔断热桥措施，不得影响墙体热工性能。

检验方法：对照施工方案和施工记录观察检查；使用热成像仪检查。

检查数量：全数检查。

墙体保温板材的粘贴面积、粘贴方法和接缝方法应符合施工方案要求。保温板接缝应平整严密。

检验方法：对照施工方案，剖开检查。

检查数量：每个检验批抽查不少于5块保温板材。

墙体采用保温浆料时，保温浆料层宜连续施工；保温浆料厚度应均匀一致、接茬应平顺密实。

检验方法：观察、尺量检查。

检查数量：保温浆料厚度每个检验批抽查10%，并不少于10处。

墙体上容易碰撞的阳角、门窗洞口及不同材料基体的交接处等特殊部位，其保温层应采取防止开裂和破损的加强措施。

检验方法：观察检查；核查隐蔽工程验收记录。

检查数量：按不同部位，每类抽查10%，并不少于5处。

采用现场喷涂或模板浇注的有机类保温材料做外保温时，除防护界面层外，应在有机类保温材料达到陈化时间后方可进行下道工序施工。

检查方法：对照施工方案和产品说明书进行检查。

检查数量：全数检查。

2.4 安全环保

采用预置保温板现场浇筑混凝土墙体或作为隔断热桥措施时，保温板的安装位置应正确、接缝严密；保温板应固定牢固，在浇筑混凝土过程中不得移位、变形；保温板表面应采取界面处理措施，与混凝土粘结应牢固。

检验方法：观察检查；核查隐蔽工程验收纪录。

检查数量：全数检查。

当墙体采用保温浆料做保温层时，应在施工中制作同条件养护试件，检测其导热系数、干密度和抗压强度。保温浆料的同条件养护试件应见证取样送检。

检验方法：按照本规程附录 F 制作同条件试件进行试验。

检查数量：同厂家、同品种产品，每 1000m^2 扣除窗洞后的保温墙面面积使用的材料为一个检验批，每个检验批应至少抽查 1 次；不足 1000m^2 时也应抽查 1 次；超过 1000m^2 时，每增加 2000m^2 应至少增加抽查 1 次；超过 5000m^2 时，每增加 5000m^2 应增加抽查 1 次。

同工程项目、同施工单位且同时施工的多个单位工程（群体建筑），可合并计算保温墙面抽检面积。

墙体节能工程各类饰面层的基层及面层施工，应符合设计和 GB 50210《建筑装饰装修工程质量验收规范》的要求，并应符合下列规定：

1. 饰面层施工前应对基层进行隐蔽工程验收。基层应按设计进行防水处理，基层构造应无脱层、空鼓和裂缝，并应平整、洁净，含水率应符合饰面层施工的要求。

2. 外墙外保温工程不宜采用粘贴饰面砖做面层；7 层及以上建筑的外墙外保温工程不得采用粘贴饰面砖做饰面层。当 7 层以下建筑的外墙外保温工程采用粘贴饰面砖做饰面层时，应单独进行型式检验和方案论证，其安全性与耐久性必须符合设计要求。耐候性检验中应包含耐冻融周期试验；饰面砖应做粘结强度拉拔试验。

3. 外墙外保温工程的饰面层不得渗漏。当外墙外保温工程的饰面层采用饰面板开缝安装时，保温层表面应覆盖具有防水功能的抹面层或采取其他防水措施。

4. 外墙外保温层及饰面层与其他部位交接的收口处，应采取密封措施。

检验方法：观察检查；核查隐蔽工程验收记录和检验报告。粘结强度按照 JGJ 110《建筑工程饰面砖粘结强度检验标准》的方法检验。

检查数量：粘结强度按照 JGJ 110《建筑工程饰面砖粘结强度检验标准》的规定抽样，其他为全数检查。

3 幕墙工程

3.1 施工要点

本章适用于透明或非透明的各类建筑幕墙的节能工程施工质量要求。

附着于主体结构（基层墙体）上的隔汽层、保温层应在主体结构工程质量验收合格后施工。施工过程中，隐蔽工程验收和检验批验收应与过程施工同步，施工完成后应进行幕墙节能分项工程质量验收。

幕墙隔热型材生产厂家应提供型材纵向抗剪、横向抗拉强度、高温持久荷载横向拉伸试验（穿条式）和热循环试验（浇注式）报告，并提供型材用隔热材料的水中浸泡试验和湿热试验报告。

玻璃幕墙中空玻璃外片或单片玻璃应采用夹层玻璃、均质钢化玻璃或超白玻璃。钢化玻璃应符合国家现行标准《建筑门窗幕墙用钢化玻璃》的规定，中空玻璃应符合国家现行标准《中空玻璃》的规定。

幕墙节能工程施工中应对下列部位或项目进行隐蔽工程验收，并应有详细的文字记录和必要的图像资料：

1. 被封闭的保温材料厚度和保温材料的固定；
2. 幕墙周边与墙体的接缝处保温材料的填充；
3. 构造缝、结构缝；

4. 隔汽层；

5. 热桥部位、断热节点；

6. 单元式幕墙板块间的接缝构造；

7. 冷凝水收集和排放构造；

8. 幕墙的通风换气装置。

幕墙节能工程使用的保温材料应采取防火、防潮和防水等保护措施。

建筑幕墙分项工程的检验批应按下列规定划分：

1. 相同设计、材料、工艺和施工条件的幕墙工程每 500～1000m^2 应划分为一个检验批，不足 500m^2 也应划分为一个检验批。

2. 同一单位工程的不连续的幕墙工程应单独划分检验批。

3. 对于异型或有特殊要求的幕墙，检验批的划分应根据幕墙的结构、工艺特点及幕墙工程规模，由监理单位（或建设单位）和施工单位协商确定。

检查数量应符合下列规定：

1. 每个检验批每 100m^2 应至少抽查一处，每处不得小于 10m^2。

2. 对于异型或有特殊要求的幕墙工程，应根据幕墙的结构和工艺特点，由监理单位（或建设单位）和施工单位协商确定。

3.2 质量要点

用于幕墙节能工程的材料、构件等，其品种、规格应符合设计要求和相关标准的规定。

检验方法：观察；尺量检查；核查质量证明文件。

检查数量：按进场批次，每批随机抽取 3 个试样进行检查；质量证明文件应按照其出厂检验批进行核查。

幕墙节能工程使用的保温隔热材料，其导热系数、密度、燃烧性能应符合设计要求。幕墙玻璃的传热系数、遮阳系数、可见光透射比、中空玻璃露点应符合设计要求。

检验方法：核查质量证明文件和复验报告。

检查数量：全数核查。

幕墙节能工程使用的材料、构件等进场时，应对其下列性能进行复验，复验应为见证取样送检：

1. 保温材料：导热系数、密度；

2. 幕墙玻璃：可见光透射比、传热系数、遮阳系数（夏热冬冷地区）、中空玻璃露点；

3. 隔热型材：抗拉强度、抗剪强度。

检验方法：进场时抽样复验，验收时核查复验报告。

检查数量：同一厂家的同一种产品抽查不少于一组。

3.3 质量标准

幕墙的气密性能应符合设计规定的等级要求。应现场抽取材料和配件，在检测试验室安装制作试件进行气密性能检测。

密封条应镶嵌牢固、位置正确、对接严密。单元幕墙板块之间的密封应符合设计要求。开启扇应关闭严密。

检验方法：观察及启闭检查；核查隐蔽工程验收记录、幕墙气密性能检测报告、见证记录。

气密性能检测试件应包括幕墙的典型单元、典型拼缝、典型可开启部分。试件应按照幕墙工程施工图进行设计。试件设计应经建筑设计单位项目负责人、监理工程师同意并确认。气密性能的检测应按照国家现行有关标准的规定执行。

检查数量：核查全部质量证明文件和性能检测报告。现场观察及启闭检查按检验批抽查30%，并不少于5件(处)。气密性能检测应对一个单位工程中面积超过1000m^{2}的每一种幕墙均抽取一个试件进行检测。

幕墙节能工程使用的保温材料，其厚度应符合设计要求，安装牢固，且不得松脱。

检验方法：对保温板或保温层采取针插法或剖开法，尺量厚度；手扳检查。

检查数量：按检验批抽查10%，并不少于5处。

遮阳设施的安装位置应满足设计要求。遮阳设施的安装应牢固。

检验方法：观察；尺量；手扳检查。

检查数量：检查全数的10%，并不少于5处；牢固程度全数检查。

幕墙工程热桥部位的隔断热桥措施应符合设计要求，断热节点的连接应牢固。

检验方法：对照幕墙节能设计文件，观察检查。

检查数量：按检验批抽查10%，并不少于5处。

幕墙隔汽层应完整、严密、位置正确，穿透隔汽层处的部件，其节点构造应采取密封措施。

检验方法：观察检查。

检查数量：按检验批抽查10%，并不少于5处。

保温材料表面防护处理应符合设计要求和相关标准的规定。

检查方法：观察检查，核查隐蔽工程验收记录和施工记录。

检查数量：按检验批抽查10%，并不少于5处。

冷凝水的收集和排放应畅通，并不得渗漏。

检验方法：通水试验、观察检查。

检查数量：按检验批抽查10%，并不少于5处。

镀（贴）膜玻璃的安装方向、位置应正确。中空玻璃应采用双道密封，均压管应密封处理。

检验方法：观察；检查施工纪录。

检查数量：每个检验批抽查10%，并不少于5件（处）。

单元式幕墙板块组装应符合下列要求：

1. 密封条：规格正确，长度无负偏差，接缝的搭接符合设计要求；

2. 保温材料：固定牢固，厚度符合设计要求；

3. 隔汽层：密封完整、严密。

检验方法：观察检查；手扳检查；尺量；通水试验。

检查数量：每个检验批抽查10%，并不少于5件（处）。

幕墙与周边墙体间的接缝处应采用弹性闭孔材料填充饱满，并应采用耐候密封胶密封。

检验方法：观察检查。

检查数量：每个检验批抽查10%，并不少于5件（处）。

伸缩缝、沉降缝、抗震缝的保温或密封做法应符合设计要求。

检验方法：对照设计文件观察检查。

检查数量：每个检验批抽查10%，并不少于10件（处）。

活动遮阳设施的调节机构应灵活，并应能调节到位。

检验方法：现场调节试验，观察检查。

检查数量：每个检验批抽查10%，并不少于10件（处）。

建筑幕墙包括玻璃幕墙（透明幕墙）、金属幕墙、石材幕墙及其他板材幕墙，种类非常繁多。随着建筑的现代化，越来越多的建筑使用建筑幕墙，建筑幕墙以其美观、轻质、耐久、易维修等优良特性被建筑师和业主所青睐，在建筑中禁止使用建筑幕墙是不现实的。

虽然建筑幕墙的种类繁多，但作为建筑的围护结构，在建筑节能要求方面还是有一定共性的，节能标准对其性能指标也有着明确的要求。玻璃幕墙属于透明幕墙，与建筑外窗在节能方面有着共同的要求。但玻璃幕墙的节能要求也与外窗有着很明显的不同，玻璃幕墙往往与其他的非透明幕墙是一体的，不可分离。非透明幕墙虽然与墙体有着一样的节能指标要求，但由于其构造的特殊性，施工与墙体有着很大的不同，所以不适于和墙体的施工验收放在一起。

另外，由于建筑幕墙的设计施工往往被另外进行专业分包，施工验收按照《建筑装饰装修工程质量验收规范》GB 50210进行，而且也往往是先单独验收，所以将建筑幕墙单列一章。

有些幕墙的非透明部分的隔汽层或保温层附着在建筑主体的基层墙体上。对于这类建筑幕墙，保温材料或隔汽层需要在基层墙体质量满足要求后才能进行施工作业，否则保温材料可能粘贴不牢固，隔汽层（或防水层）附着不理想。另外，主体结构往往是土建单位施工，幕墙被专业分包，在施工中若不进行分阶段验收，出现质量问题时容易发生纠纷。

铝合金隔热型材、钢隔热型材在一些幕墙工程中已经得到应用。隔热型材的隔热材料一般是尼龙或发泡的树脂材料等。这些材料是很特殊的，既要保证足够的强度，又要有较小的导热系数，还要满足幕墙型材在尺寸方面的苛刻要求。从安全的角度而言，型材的力学性能是非常重要的，对于有机材料，其热变形性能也非常重要。型材的力学性能主要包括纵向抗剪强度和横向抗拉强度等；热变形性能包括高温持久荷载横向拉伸试验（穿条式）、热循环试验（浇注式）等。型材所用隔热材料的性能决定型材的安全性能和节能性能，应要求厂家提供水中浸泡试验和湿热试验的报告。

玻璃幕墙如采用普通钢化玻璃，自爆率较高，而采用夹层玻璃、均质钢化玻璃或超白玻璃安全性更高。

对建筑幕墙节能工程施工进行隐蔽工程验收非常重要。除可以确保节能工程的施工质量，还可以避免工程质量纠纷。

在非透明幕墙中，幕墙保温材料的固定是否牢固，可以直接影响到节能的效果。如果固定不牢，保温材料可能会脱离，从而造成有些部位无保温材料。

幕墙的隔汽层、冷凝水收集和排放构造等都是为了避免非透明幕墙结露，结露的水渗漏到室内，会造成室内装饰发霉、变色、腐烂等。如果非透明幕墙保温层的隔汽性好，幕墙与室内侧墙体之间就不会有凝结水。但为了确保凝结水不破坏室内的装饰，不影响室内环境，许多幕墙设置了冷凝水收集、排放系统。

幕墙周边与墙体间接缝处的保温填充，幕墙的构造缝、沉降缝、热桥部位、断热节点等，这些部位虽然不是幕墙能耗的主要部位，但处理不好，也会对幕墙的节能造成很大的影响。这些部位主要是会出现密封问题和热桥问题。密封问题对于冬季节能非常重要，热桥则容易引起结露和发霉，所以必须将这些部位处理好。

单元式幕墙板块间的缝隙密封是非常重要的。由于单元缝隙处理不好，修复特别困难，所以应注意其施工质量。若质量不好，不仅气密性能差，还常常引起雨水渗漏。

许多幕墙安装有通风换气装置。通风换气装置能使建筑室内达到足够的新风量，在空调不启动的情况下，房间也可以达到一定的舒适度。虽然通风换气装置往往耗能，但舒适的室内环境可以使我们少开空调，因此通风换气装置是非常必要的。

以上这些部位在幕墙施工完毕后都将被隐蔽，为了方便最终的质量验收，应该进行隐蔽工程验收。

幕墙节能工程的保温材料多为松软、多孔材料，很容易潮湿变质或改变性状。岩棉板、玻璃棉板等容易受潮而松散，膨胀珍珠岩板受潮后导热系数会增大等。有些材料在保存、安装和电焊交叉作业时很容易发生火灾。所以，在保温材料的保存和安装过程中应采取防火、防潮、防水等保护措施，以确保安全和工程质量。

用于幕墙节能工程的材料、构件等的品种、规格符合设计要求和相关标准的规定。

幕墙玻璃是决定玻璃幕墙节能性能的关键构件，玻璃品种应采用设计的品种。幕墙玻璃的品种信息主要内容包括：结构、单片玻璃品种、中空玻璃的尺寸、气体层、间隔条等。

隔热型材的隔热条、隔热材料（一般为发泡材料）等，其尺寸和导热系数对框的传热系数影响很大，所以隔热条的类型、尺寸必须满足设计的要求。

幕墙的密封条是确保幕墙密封性能的关键材料。密封材料要保证足够的弹性（硬度适中、弹性恢复好）、耐久性。密封条的尺寸是幕墙设计时确定下来的，应与型材、安装间隙相配套。如果尺寸不满足要求，尺寸大了合不拢，尺寸小了漏风、漏雨。

幕墙的遮阳构件种类繁多，如百叶、遮阳板、遮阳挡板、卷帘、花格等。对于遮阳构件，其尺寸直接关系到遮阳效果。如果尺寸不够大，必然不能按照设计的预期遮住阳光。遮阳构件所用的材料的光学性能、材质、耐久性等均很重要，所以材料应为所设计的材料。遮阳构件的构造关系到其结构的安全、灵活性、活动范围等，应该按照设计的构造制作遮阳构件。

强制性条文。幕墙材料、构配件等的热工性能是保证幕墙节能指标的关键，所以必须满足要求。材料的热工性能主要是体现在导热系数，许多构件也是如此，但复合材料和复合构件的整体性能则主要是体现在热阻。本条中除材料的燃烧性能外均应进行进场复验，均应核查复验报告。

有些幕墙采用隔热附件（材料）来隔断热桥，而不是采用隔热型材。这些隔热附件往往是垫块、连接件之类。对隔热附件，其导热系数也不应大于产品标准的要求。

玻璃的传热系数、遮阳系数、可见光透射比对于玻璃幕墙都是主要的节能性能指标，所以应该满足设计要求。中空玻璃露点应满足产品标准要求，以保证产品的密封质量和耐久性。

非透明幕墙保温材料的导热系数和密度应符合设计要求。保温材料的密度与导热系数有很大关系，而且密度偏差过大，往往意味着材料的性能也发生了很大的变化。

幕墙玻璃是决定玻璃幕墙节能性能的关键构件。玻璃的传热系数越大，对节能越不利；遮阳系数越大，对空调的节能越不利；可见光透射比对自然采光很重要，可见光透射比越大，对采光越有利。中空玻璃露点是反映中空玻璃产品密封性能的重要指标，露点不满足要求，产品的密封则不合格，其节能性能必然受到很大影响。

隔热型材的力学性能直接关系到幕墙的安全，所以应符合设计要求和相关产品标准的规定。

因此，涉及安全和节能的材料、构件、型材的性能应进行复验。

幕墙的气密性能指标是幕墙节能的重要指标。设计时均应规定气密性能的等级，其产品的气密性应符合设计要求。

由于幕墙的气密性能与节能关系重大，所以当幕墙面积大于建筑外墙面积50%或3000m^{2}时，应现场抽取材料和配件，在检测试验室安装制作试件进行气密性能检测。

由于一幢建筑中的幕墙往往比较复杂，可能是由多种幕墙组合成的组合幕墙，也可能是多幅不同的幕墙。对于组合幕墙，只需要进行一个试件的检测即可；而对于不同幕墙幅面，则要求分别进行检测。对于面积比较小的幅面，则可以不用分开对其进行检测。

在保证幕墙气密性能的材料中，密封条很重要，所以要求镶嵌牢固、位置正确、对接严密。单元式幕墙板块之间的密封一般采用密封条。单元板块间的缝隙有水平缝和垂直缝，还有水平缝和垂直缝交叉处的十字缝，为了保证这些缝隙的密封，单元式幕墙都有专门的密封设计。施工时应该严格按照设计进行安装。一是密封条应完整，尺寸满足要求；二是单元板块必须安装到位，缝隙的尺寸不能偏大；三是板块之间还需要在少数部位加装一些附件，并进行注胶密封，保证特殊部位的密封。

幕墙的开启扇是幕墙密封的另一关键部件。开启扇位置正确，密封条压缩合适，开启扇才能关闭严密。由于幕墙的开启扇一般是平开窗或悬窗，气密性能比较好，只要关闭严密，可以保证其设计的密封要求。

在非透明幕墙中，幕墙保温材料的固定得是否牢固，可能直接影响到节能的效果。

保温材料的厚度越厚，保温隔热性能就越好，所以厚度应不小于设计值。由于幕墙保温材料一般比较松散，采取针插法即可检测其厚度。有些板材比较硬，可采用剖开法检测其厚度。

幕墙的遮阳设施的安装位置及尺寸是按照太阳的高度和方位角来设计的，所以只有安装位置、尺寸合适的遮阳装置，才能满足节能的设计要求。

由于遮阳设施一般安装在室外，而且是突出于建筑物的构件，很容易受到风荷载的作用。遮阳设施的抗风荷载问题，在相关标准中没有很明确的规定。所以，在设计、安装遮阳设施的时候应考虑到各个方面的因素，要设计合理、安装牢固。由于遮阳设施的安全问题非常重要，所以要进行全数的检查。

幕墙工程热桥部位的隔断热桥措施是幕墙节能设计的重要内容之一，隔断热桥措施如果设计考虑不全面容易引起结露。如果大面积的热桥问题处理不当，则会增大幕墙的传热系数，使得通过幕墙的热损耗大大增加。判断隔断热桥措施是否可靠，主要是看固体的传热路径是否被有效隔断，这些路径包括：型材截面，幕墙的连接件，螺丝等紧固件、中空玻璃边缘的间隔条等。

型材截面的断热节点主要是通过采用隔热型材或隔热垫来实现的，其安全性取决于型材的隔热条、发泡材料或连接紧固件。通过幕墙连接件、螺丝等紧固件的热桥则需要进行转换连接的方式，通过一个尼龙件（或类似材料制作的附件）进行连接的转换，隔断固体的热传递路径。由于这些转换都增加了一个连接，其是否牢固则成为安全隐患，应进行相关的检查和确认。

非透明幕墙的隔汽层是为了避免幕墙部位内部结露，结露的水很容易使保温材料发生性状的改变，如果结冰，则问题更加严重。如果非透明幕墙保温层的隔汽性好，幕墙与室内侧墙体之间的空间内就不会有凝结水。为了实现这个目标，隔汽层必须完整并设在保温材料靠近水蒸气压较高的一侧（冬季为室内）。如果隔汽层放错了位置，不但起不到隔汽作用，反而有可能使结露加剧。一般冬季比较容易结露，所以隔汽层应放在保温材料靠近室内的一侧。

幕墙的非透明部分常常有许多需要穿透隔汽层的部件，如连接件等。对这些节点构造采取的密封措施很重要，用以保证隔汽层的完整。

幕墙的保温材料有的易吸湿，如不及时进行封闭处理，以致保温材料的含水率增大，影响保温性能。有的保温材料还应采用不燃材料对其表面进行防护。

幕墙的凝结水收集和排放构造是为了避免幕墙结露的水渗漏到室内，让室内的装饰发霉、变色、腐烂等。为了确保凝结水不破坏室内的装饰，不影响室内环境，凝结水收集、排放系统应该发挥有效的作用。为了验证凝结水的收集和排放效果，可以进行一定的试验。

3.4 安全环保

镀（贴）膜玻璃对于节能有两方面的作用：一方面是遮阳；另一方面是降低传热系数。对于遮阳而言，镀膜可以反射阳光或吸收阳光，所以镀膜一般应放在靠近室外的玻璃上。为了避免镀膜层的老化，镀膜面一般在中空玻璃内部，单层玻璃应将镀膜置于室内侧。对于低辐射玻璃（Low-E玻璃），低辐射膜应该置于中空玻璃内部。

目前制作中空玻璃一般均应采用双道密封。因为一般来说密封胶的水蒸气渗透阻力还不足以保证中空玻璃内部空气干燥，需要再加一道丁基胶密封。有些暖边间隔条将密封和间隔两个功能置于一身，本身的密封效果很好，可以不受此限制，实际上这样的间隔条本身就有双道密封的效果。

为了保证中空玻璃在长途（尤其是海拔高度、温度相差悬殊）运输过程中不至于损坏，或者保证中空玻璃不至于因生产环境和使用环境相差甚远而出现损坏或变形，许多中空玻璃设有均压管。在玻璃安装完成之后，为了确保中空玻璃的密封，均压管应进行密封处理。

单元式幕墙板块是在工厂内组装完成运送到现场的。运送到现场的单元板块一般都已经将密封条、保温材料、隔汽层、凝结水收集装置安装好了，所以幕墙板块到现场后应对这些安装好的部分进行检查验收。

幕墙周边与墙体接缝部位如处理不好，也会大大影响幕墙的节能。由于幕墙边缘一般都是金属边框，所以存在热桥问题，应采用弹性闭孔材料填充饱满，表面应采用耐候胶进行密封。

幕墙的构造缝、沉降缝、热桥部位、断热节点等处理不好，也会影响到幕墙的节能和结露。这些部位主要是要解决好密封问题和热桥问题，密封不好会影响到幕墙的气密和水密性能，热桥则容易引起结露。

活动遮阳设施的调节机构是保证活动遮阳设施发挥作用的重要部件。这些部件应灵活，能够将遮阳板等调节到位。

4 门窗工程

4.1 施工要点

本章适用于建筑外门窗节能工程的施工，包括金属门窗、塑料门窗、木质门窗、各种复合门窗、特种门窗、天窗、外遮阳一体化标准窗以及门窗玻璃安装等节能工程。

建筑门窗进场后，应对其外观、品种、规格及附件等进行检查验收，对质量证明文件进行核查。建筑外门窗应具有门窗节能性能标识。

建筑外门窗工程施工中，应对外门窗框或附框与墙体接缝处及外门窗框与附框接缝处的保温填充做法进行隐蔽工程验收，并应有隐蔽工程验收记录和必要的图像资料。

门窗隔热型材生产厂家应提供型材纵向抗剪强度、横向抗拉强度、高温持久荷载横向拉伸试验（穿条式）和热循环试验（浇注式）报告，并提供型材用隔热材料的水中浸泡试验和湿热试验报告。

4.2 质量要点

建筑外门窗的气密性能、保温性能、遮阳和采光性能、门窗玻璃的遮阳系数和可见光透射比，中空玻璃的露点都是重要的节能性能指标，应符合设计要求。建筑门窗节能性能标识是指表示标准规格门窗的传热系数、遮阳系数、空气渗透率、可见光透别比等节能性能指标的一种信息性标识。当设计采用具有节能性能标识的门窗时，应根据设计要求核查其节能性能标识中的性能指标。

为了保证门窗质量符合设计要求和相关标准的规定。需要在建筑外门窗进入施工现场时对门窗的气密性能、传热系数进行复验。

遮阳一体化窗的遮阳系数和采光性能也是节能的关键指标，应该进行复验。

玻璃的遮阳系数、可见光透射比以及中空玻璃的露点是建筑玻璃的基本性能，应该进行复验。

门窗的节能很大程度上取决于门窗所用玻璃的形式（如单玻、双玻、三玻等）、种类（普通平板玻璃、浮法玻璃、吸热玻璃、镀膜玻璃、贴膜玻璃）及加工工艺（如单道密封、双道密封等），为了达到节能要求，建筑门窗采用的玻璃品种应符合设计要求。

中空玻璃一般均应采用双道密封，为保证中空玻璃内部空气不受潮，需要再加一道丁基胶密封。有些暖边间隔条将密封和间隔两个功能置于一身，本身的密封效果很好，可以不受此限制。

金属窗的隔断热桥措施非常重要，直接关系到传热系数的大小。金属框的隔断热桥措施一般采用穿条式隔热型材、注胶式隔热型材，也有部分采用连接点断热措施。验收时应检查金属外门窗隔断热桥措施是否符合设计要求和产品标准的规定。

建筑外窗已采用先安装标准化附框的干法安装方法。这种方法因可以在土建基本施工完成后安装门窗，因而门窗的外观质量得到了很好的保护。因附框规格较多，应防止窄附框安装宽窗框造成不稳的情况。

4.3 质量标准

建筑外门窗工程的检验批应按下列规定划分：

1. 同一厂家的同一品种、类型、规格的门窗及门窗玻璃每 100 樘划分为一个检验批，不足 100 樘也为一个检验批。

2. 同一厂家的同一品种、类型和规格的特种门每 50 樘划分为一个检验批，不足 50 樘也为一个检验批。

3. 对于异形或有特殊要求的门窗，检验批的划分应根据其特点和数量，由监理（建设）单位和施工单位协商确定。

建筑外门窗工程的检查数量应符合下列规定：

1. 建筑门窗每个检验批应抽查 5%，并不少于 3 樘，不足 3 樘时应全数检查；高层建筑的外窗，每个检验批应抽查 10%，并不少于 6 樘，不足 6 樘时应全数检查。

2. 特种门每个检验批应抽查 50%，并不少于 10 樘，不足 10 樘时应全数检查。

建筑外门窗的品种、规格应符合设计要求和相关标准的规定。

检验方法：观察、尺量检查；核查质量证明文件。

检查数量：按本规程第 4.3.2 条执行；质量证明文件应按照其出厂检验批进行核查。

建筑外窗的气密性能、保温性能、遮阳系数和采光性能、中空玻璃露点、玻璃遮阳系数和可见光透射比应符合设计要求。

检验方法：核查质量证明文件和复验报告。根据设计文件核查门窗节能性能标识。

检查数量：全数核查。

建筑外窗进入施工现场时，应按地区类别对其下列性能进行复验，复验应为见证取样送检：

1. 寒冷地区：气密性能、传热系数和中空玻璃露点。

2. 夏热冬冷地区：气密性能、传热系数、遮阳一体化窗的遮阳系数和采光性能、玻璃遮阳系数、可见光透射比、中空玻璃露点。

检验方法：随机抽样送检；核查复验报告。

检查数量：同一厂家同一品种同一类型的产品各抽查不少于3樘（件）。

建筑门窗采用的玻璃品种应符合设计要求。中空玻璃应采用双道密封。

检验方法：观察检查；核查质量证明文件。

检查数量：按本规程第4.3.5条执行。

金属外门窗隔断热桥措施应符合设计要求和产品标准的规定，标准化附框应与外窗框相匹配。

检验方法：随机抽样，对照产品设计图纸，剖开或拆开检查。

检查数量：同一厂家同一品种、类型的产品各抽查不少于3樘。标准化附框按检验批抽查10%，不少于6樘。

寒冷、夏热冬冷地区的建筑外窗，应对其气密性作现场实体检验，检测结果应满足设计要求。

检验方法：随机抽样现场检验。

检查数量：同一厂家同一品种、类型的产品各抽查不少于3樘。

附框与洞口之间的间隙宜采用防水砂浆或专用防水防裂砂浆或聚氨酯发泡剂填充饱满；外门窗框与附框之间的缝隙应使用聚氨酯发泡剂密封，内侧缝隙将聚氨酯发泡剂压平后用中性硅硐密封胶密封。

检验方法：观察检查；核查隐蔽工程验收记录。

检查数量：全数检查。

寒冷地区的外门安装，应按照设计要求采取保温、密封等节能措施。

检验方法：观察检查。

检查数量：全数检查。

外窗遮阳设施（包括遮阳一体化标准窗）的性能、规格和尺寸应符合设计要求和相关标准规定；遮阳设施的安装应位置正确、牢固，满足安全和使用功能的要求。遮阳一体化标准窗检修口应在室内侧。

检验方法：核查质量证明文件；观察、尺量、手扳检查。

检查数量：按本规程第4.3.5条执行；安装牢固程度全数检查。

特种门的保温与气密性能应符合设计要求和相关标准规定；并且安装中的节能措施应符合设计要求。

检验方法：核查质量证明文件；观察、尺量检查。

检查数量：全数检查。

天窗安装的位置、坡度应正确，封闭应严密，嵌缝处不得渗漏。

检验方法：观察、尺量检查；淋水检查。

检查数量：按本规程第4.3.5条执行。

门窗扇密封条和玻璃镶嵌的密封条，其物理性能应符合相关标准的规定。密封条安装位置应正确，镶嵌牢固，不得脱槽，接头处不得开裂。关闭门窗时密封条应接触严密。

检验方法：观察检查。

检查数量：全数检查。

门窗镀（贴）膜玻璃的安装方向应正确，中空玻璃的均压管应密封处理。

检验方法：观察检查。

检查数量：全数检查。

外门窗遮阳设施调节应灵活，并应能调节到位。

检验方法：现场调节试验检查。

检查数量：全数检查。

外门窗是建筑围护结构中保温隔热和气密性能最差的，对室外气候变化最敏感的构件。外门窗包括普通门窗、凸窗、天窗、倾斜窗以及不封闭阳台的门连窗等。这些门窗又分为金属门窗、塑料门窗、木质门窗，各种复合门窗、外遮阳一体化标准窗、特种门窗等。这些门窗及其玻璃安装的节能验收，均在本章做出了明确规定。

门窗的外观、品种、规格及附件等均应符合设计要求和相关标准规定，进场时应进行检查验收，并对质量证明文件进行核查。居住建筑应采用标准化外窗（包括外遮阳一体化窗）系统，其应用量和应用方式应符合设计要求和相关规程要求。同一工程中，非标准化外窗的立面、材料和性能应与标准化外窗系统一致。

浙江省居住建筑外窗附框已要求采用节能型标准化附框，该系统施工时应采用干法安装施工工艺。附框与外墙体之间安装同步施工时，应用防水砂浆或聚氨酯发泡剂填充密实，滞后一个月以上时应用专用防水防裂砂浆加防裂纱布或聚氨酯发泡剂填充密实。外门窗框与附框之间或与墙体之间接缝处应用聚氨酯发泡剂填充密实，并用硅酮密封胶密封。另外窗四周保温材料宜与墙体保温一致，窗台的窗框下部宜设置防水披水板。如果这些缝隙及细部处理不能填充饱满，且表面密封不好，会加大冷风渗透甚至渗漏雨水。所以，特别应对缝隙的填充进行隐蔽工程的验收。

铝合金隔热型材、钢隔热型材在门窗工程中已经得到应用。隔热型材的隔热材料一般是尼龙或发泡的树脂材料等。这些材料是很特殊的，既要保证足够的强度，又要有较小的导热系数。从安全的角度而言，型材的力学性能是非常重要的，对于有机材料，其热变形性能也非常重要。型材的力学性能主要包括纵向抗剪强度和横向抗拉强度等；热变形性能包括高温持久荷载横向拉伸试验（穿条式）、热循环试验（浇注式）等。型材所用隔热材料的性能决定型材的安全性能和节能性能，应要求厂家提供水中浸泡试验和湿热试验的报告。

建筑外门窗的品种、规格应符合设计要求和相关标准的规定，这是一般性的要求，应该得到满足。门窗的品种名称一般包含了型材、玻璃、活动式外遮阳等主要材料和主要配件、附件的信息，也包含一定的性能信息，规格包含了尺寸、分格信息等。

寒冷、夏热冬冷地区的建筑外窗，为了保证应用到工程的产品质量，本规范要求对外窗的气密性能做现场实体检验。

外窗框与副框之间以及外窗框或副框与洞口之间的间隙密封也是影响建筑节能的一个重要因素，控制不好，容易导致渗水、形成热桥，所以应该对缝隙的填充进行检查。

寒冷地区的外门节能也很重要，设计中一般均会采取保温、密封等节能措施。由于外门一般不多，而往往又不容易做好，因而要求全数检查。

在夏季炎热的地区应用外窗遮阳设施是很好的节能措施。遮阳设施的性能主要是其遮挡阳光的能力，这与其尺寸、颜色、透光性能等均有很大关系，还与其调节能力有关，这些性能均应符合设计要求。为保证达到遮阳设计要求，遮阳设施的安装位置应正确。遮阳一体化标准窗检查检修口应在室内侧。

由于遮阳设施安装在室外效果好，而目前大多采用外墙外保温，活动外遮阳设施的固定往往成了难以解决的问题。所以遮阳设施的牢固问题要引起重视。

特种门与节能有关的性能主要是密封性能和保温性能。对于人员出入频繁的门，其自动启闭、阻挡空气渗透的性能也很重要。另外，安装中采取的相应措施也非常重要，应按照设计要求施工。

天窗与节能有关的性能均与普通门窗类似。天窗的安装位置、坡度等均应正确，并保证封闭严密，不渗漏。

4.4 安全环保

门窗扇和玻璃的密封条经常出现由于断裂、收缩、低温变硬等缺陷造成门窗渗水，气密性能差。密封条质量应符合 GB/T 12002《塑料门窗密封条》标准的要求。

密封条安装完整、位置正确、镶嵌牢固对于保证门窗的密封性很重要。关闭门窗时应保证密封条的接触严密，不脱槽。

镀（贴）膜玻璃在节能方面有两个作用，一是遮阳，二是降低传热系数。膜层位置与节能的性能及其耐久性有关。

为了保证中空玻璃在长途运输过程中不至于损坏，或者保证中空玻璃不至于因生产环境和使用环境相差甚远而出现损坏或变形，许多中空玻璃设有均压管。在玻璃安装完成之后，均压管应进行密封处理，从而确保中空玻璃的密封性能。

活动遮阳设施的调节构件是保证活动遮阳设施发挥其性能重要部件。这些部件应灵活，能够将遮阳构件调节到位。

5 屋面工程

5.1 施工要点

本章适用于建筑屋面节能工程对其（包括采用松散保温材料、现浇保温材料、喷涂保温材料、板材、块材等保温隔热材料的屋面节能工程）施工质量的要求。

屋面保温隔热工程的施工，应在基层质量验收合格后进行。施工过程中应及时进行质量检查、隐蔽工程验收和检验批验收，施工完成后应进行屋面节能分项工程验收。

屋面保温隔热工程应对下列部位进行隐蔽工程验收，并应有详细的文字记录和必要的图像资料。

1. 基层。

2. 保温材料的种类、保温层的敷设方式、厚度；板材缝隙填充质量。

3. 屋面热桥部位。

4. 隔汽层。

屋面保温隔热层施工完成后，正置保温屋面应及时进行找平层和防水层的施工，倒置保温屋面应及时进行防护层施工。

屋面节能工程施工质量验收的检验批划分应符合下列规定：

1. 采用相同材料、工艺和施工做法的屋面，每 $1000m^2$

划分为一个检验批，不足 $1000m^2$ 也为一个检验批。

2. 检验批的划分也可根据与施工流程相一致且方便施工与验收的原则，由施工单位与监理（建设）单位共同商定。

5.2 质量要求

用于屋面节能工程的保温隔热材料、隔热制品，其品种、规格和性能应符合设计要求和相关标准的规定。

检验方法：观察、尺量检查；核查质量证明文件和复验报告。

检查数量：按进场批次，每批随机抽取 3 个试样进行检查；质量证明文件应按照其出厂检验批进行核查。

屋面节能工程使用的材料，其下列性能应符合设计要求：

1. 保温隔热材料：导热系数或热阻、密度、吸水率、抗压强度或压缩强度、有机保温材料的燃烧性能；

2. 隔热涂料：太阳光反射比，半球发射率。

检验方法：核查质量证明文件及进场复验报告。

检查数量：全数检查。

5.3 质量标准

屋面节能工程使用的材料进场时应对以下性能参数进行复验，复验应为见证取样送检。

1. 保温隔热材料：导热系数或热阻、密度、吸水率、抗压强度或压缩强度、有机保温材料的燃烧性能。

2. 隔热涂料：太阳光反射比，半球发射率。

检验方法：随机抽样送检，核查复验报告。

检查数量：同厂家、同品种，每 $1000m^2$ 屋面使用的材料为一个检验批，每个检验批抽查 1 次；不足 $1000m^2$ 时抽查 1 次；屋面超过 $1000m^2$ 时，每增加 $2000m^2$ 应增加 1 次抽样；屋面超过 $5000m^2$ 时，每增加 $3000m^2$ 应增加 1 次抽样。

同项目、同施工单位且同时施工的多个单位工程（群体建筑），可合并计算屋面抽检面积。

屋面保温隔热层的敷设方式、厚度、缝隙填充质量及屋面热桥部位的保温隔热做法，应符合设计要求和有关标准的规定。

检验方法：观察、尺量检查。

检查数量：每个检验批抽查 2 处，每处 $10m^2$，整个屋面抽查不得少于 2 处。

屋面的通风隔热架空层，其架空高度、安装方式、通风口位置及尺寸应符合设计及有关标准要求。架空层内不得有杂物。架空面层应完整，不得有断裂和露筋等缺陷。

检验方法：观察、尺量检查。

检查数量：每个检验批抽查 2 处，每处 $10m^2$，整个屋面抽查不得少于 2 处。

屋面的隔汽层位置应符合设计要求，隔汽层应完整、严密。

检验方法：对照设计观察检查；核查隐蔽工程验收记录。

检查数量：每 $100m^2$ 抽查一处，每处 $10m^2$，整个屋面抽查不得少于 3 处。

坡屋面、架空屋面当采用将保温材料敷设于屋面内侧做内保温隔热时，应采用无机类保温材料，保温隔热层应有防潮措施，其表面应有保护层，保护层的做法应符合设计要求。

检验方法：观察检查；核查隐蔽工程验收记录。

检查数量：每个检验批抽查2处，每处$10m^2$，整个屋面抽查不得少于3处。

内部贴有铝箔的封闭空气间层屋面，其空气间层厚度、铝箔位置应符合设计要求。空气间层内不得有杂物，铝箔应铺设完整。

检验方法：观察、尺量检查。

检查数量：每$100m^2$抽查1处，每处$10m^2$，整个屋面抽查不得少于3处。

种植植物的功能屋面的构造做法，植物种类、植物密度、覆盖面积、植物存活率应符合设计及相关标准要求。

检验方法：对照设计检查。

检查数量：全数检查。

屋面防火隔离措施应符合设计要求。

检验方法：对照设计检查。

检查数量：全数检查。

屋面保温隔热层应按施工方案施工，并应符合下列规定：

1. 松散材料应分层敷设，按要求压实，表面平整，坡向正确；

2. 现场采用喷、浇、抹等工艺施工的保温层，其配合比应计量准确，搅拌均匀、分层连续施工，表面平整，坡向正确。

3. 板材应粘贴牢固、缝隙严密、平整。

检验方法：观察、尺量、称重检查。

检查数量：每个检验批抽查 2 处，每处 $10m^2$，整个屋面抽查不得少于 3 处。

金属板保温夹芯屋面应铺装牢固、接口严密、表面洁净、坡向正确。

检验方法：观察、尺量检查；核查隐蔽工程验收记录。

检查数量：全数检查。

热反射屋面的颜色应符合设计要求，色泽应均匀一致，没有污迹，无积水现象。

检验方法：观察检查。

检查数量：屋面按照部位全数检查。

5.4 安全环保

提高屋面的保温隔热性能，对提高抵抗夏季室外热作用的能力尤其重要，这也是减少空调耗能，改善室内热环境的一个重要措施。在多层建筑围护结构中，屋顶所占面积较小，能耗约占总能耗的 8%～10%。据测算，空调减少仅 10%的能耗，人体的舒适性就会大大提高。因此，加强屋顶保温节能对建筑造价影响不大，节能效益却很明显。

严格按照施工组织设计安全保证体系程序运作和检查制度进行检查，事前预防、过程监督。

1. 责任工长在防水施工之前，先对工人进行防火安全技术交底并落实到班组。

2. 防水材料库房应通风良好，严禁烟火，配备专用消防器材；涂刷底油时，严禁烟火和使用碘钨灯照明。

3. 动用临电设备须经项目维修电工同意，并由维修电工实施运行完好后方可使用。

6 地面工程

6.1 施工要点

本章适用于建筑地面节能工程施工质量要求，包括接触土壤的地面、分户（层间）楼板的地面、底面接触室外空气或毗邻不采暖或空调空间的地面。

地面节能工程的施工，应在主体或基层质量验收合格后进行。施工过程中应及时进行质量检查、隐蔽工程验收和检验批验收，施工完成后应进行地面节能分项工程验收。

地面节能工程应对下列部位进行隐蔽工程验收，并应有详细的文字记录和必要的图像资料：

1. 基层；
2. 被封闭的保温材料种类和厚度；
3. 保温材料粘结；
4. 隔断热桥部位。

6.2 质量要点

用于地面节能工程的保温材料，其品种、规格和性能应符合设计要求和相关标准的规定，封闭的地下室顶板应采用无机类保温材料。

检验方法：观察、尺量或称重检查；核查质量证明文件和复验报告。

检查数量：按进场批次，每批随机抽取 3 个试样进行检查；质量证明文件应按照其出厂检验批进行核查。

地面节能工程使用的保温材料，其导热系数或热阻、密度、吸水率、抗压强度或压缩强度、有机保温材料的燃烧性能、烟毒性、烟密度应符合设计要求。

检验方法：核查质量证明文件及复验报告。

检查数量：全数检查。

6.3 质量标准

安装在楼板底面、地下室顶板底面和架空楼板底面的保温板应粘贴牢固，并进行现场拉伸粘结强度检验和锚固件的锚固抗拔力检验。

检验方法：对照设计和施工方案观察检查；拉伸粘结强度按照本规范附录 E 进行现场检验；锚固拉拔力按照 JGJ 145《混凝土结构后锚固技术规程》进行现场检验。

检查数量：拉伸粘结强度检验和锚固抗拔力检验，每个检验批抽查不少于 3 处，其余全数检查。

地面节能工程施工前，应对基层进行处理，使其达到设计和施工方案的要求。

检验方法：对照设计和施工方案观察检查。

检查数量：全数检查。

地面保温层、隔离层、保护层等各层的设置和构造做法应符合设计要求，并应按施工方案施工。

检验方法：对照设计和施工方案观察检查；尺量检查。

检查数量：每个检验批抽查 2 处，每处 $10m^2$，整个屋面抽查不得少于2处。

地面节能工程的施工质量应符合下列规定：

1. 保温板与基层之间、各构造层之间的粘结应牢固，缝隙应严密；

2. 保温浆料应分层施工；

3. 穿越地面直接接触室外空气的各种金属管道应按设计要求，采取隔断热桥的保温措施。

检验方法：观察检查；核查隐蔽工程验收记录。

检查数量：每个检验批抽查2处，每处$10m^2$；穿越地面的金属管道处全数检查。

有防水要求的地面，其节能保温做法不得影响地面排水坡度，保温层面层不得渗漏。

检验方法：用长度500mm水平尺检查；观察检查。

检查数量：全数检查。

分户（层间）楼板的地面、毗邻不采暖或空调空间的地面以及底面直接接触室外空气的地面应按设计要求采取保温措施。

检验方法：对照设计观察检查。

检查数量：全数检查。

保温层的表面防潮层、保护层应符合设计要求。

检验方法：观察检查。

检查数量：全数检查。

地面节能分项工程检验批划分应符合下列规定：

1. 检验批可按施工段或变形缝划分；

2. 每$1000m^2$可划分为一个检验批，不足$1000m^2$也为一个检验批；

3. 不同构造做法的地面节能工程应单独划分检验批。

地面节能工程使用的保温材料，进场时应对其导热系数或热阻、密度、吸水率、抗压强度或压缩强度、有机保温材料的燃烧性能、烟毒性、烟密度进行复验，复验应为见证取样送检。

检验方法：随机抽样送检，核查复验报告。

检查数量：同厂家、同品种，每 1000m² 地面使用的材料为一个检验批，每个检验批抽查 1 次；不足 1000m² 时抽查 1 次；地面超过 1000m² 时，每增加 2000m² 应增加 1 次抽样；地面超过 5000m² 时，每增加 3000m² 应增加 1 次抽样。

同项目、同施工单位且同时施工的多个单位工程（群体建筑），可合并计算地面抽检面积。

6.4 安全环保

采用地面辐射供暖的工程，其地面节能做法应符合设计要求，并应符合国家现行有关标准的规定。

检验方法：观察检查。

检查数量：全数检查。

建立安全责任制，进入现场前，对工人进行安全技术交底和安全培训工作。对施工机械操作进行培训，安全员作好安全检查工作。

1. 分层施工的楼梯口、梯段边及休息平台处必须安装临时护栏。

2. 施工中对高处作业的安全技术设施，发现有缺陷和隐患时，必须及时解决；危及人身安全时，必须停止作业。

3. 施工作业场所有可能坠落的物件，应一律先行撤除或加以固定。高处作业中所用的物料，均应堆放平稳，不妨碍通行和装卸。工具应随手放入工具袋；作业中的走道、通道板和登高用具，应随时清扫干净；拆卸下的物件及余料和废料均应及时清理运走，不得任意乱置或向下丢弃。传递物件禁止抛掷。

4. 雨天和雪天进行高处作业时，必须采取可靠的防滑、防寒和防冻措施。凡水、冰、霜、雪均应及时清除。对进行高处作业的高耸建筑物，应事先设置避雷设施。遇有六级以上强风、浓雾等恶劣气候，不得进行露天攀登与悬空高处作业。暴风雪及台风暴雨后，应对高处作业安全设施逐一加以检查，发现有松动、变形、损坏或脱落等现象，应立即修理完善。

5. 使用手提电动切割机，要求试运转合格并装好触电保安器及可靠接地装置。

6. 清理楼地面，不得从窗口和预留洞口向外扔杂物。

7 供暖工程

7.1 施工要点

本章适用于室内热水供暖工程施工质量要求。

供暖工程的验收，可按系统、楼层等进行检验批的验收。

供暖工程采用的设备、阀门、仪表、管材、保温材料等产品进场时，应按设计要求对其类型、材质、规格及外观等进行验收，验收结果应经监理工程师（建设单位代表）认可，且形成相应的验收记录。各种产品和设备的质量证明文件和相关技术资料应齐全，并应符合国家及地方现行有关标准和规定。对下列产品的技术性能参数进行见证取样送检。

1. 散热设备的单位散热量、金属热强度；

2. 保温材料的厚度、导热系数、密度和吸水率；

检验方法：核查质量证明文件和相关技术资料；现场随机取样送检；核查复验报告。

检查数量：同一厂家、同材质、同一规格的散热设备按其数量复验1%，但不得少于2组；同一厂家同材质的保温材料复验的次数不得少于2次。

锅炉的类型、容量、燃料种类及其额定效率等应满足设计要求。

检验方法：核查质量证明文件和相关技术资料。

检查数量：全数检查。

7.2 质量要点

供暖工程的安装应符合下列规定：

1. 供暖工程的制式，应符合设计要求；

2. 散热设备、阀门、过滤器、温度计及仪表应按设计要求安装齐全，不得随意增减和更换；

3. 室内温度调控装置、热计量装置、水力平衡装置以及热力入口装置的安装位置和方向应符合设计及产品安装要求，并便于观察、操作和调试；

4. 供暖工程应能实现分室温度调控、分栋热计量和分户分摊的功能。

检验方法：观察检查；核查调试报告。

检查数量：全数检查。

在供暖系统施工过程中，应对与绿色建筑有关的隐蔽部位或内容进行验收，并应有详细的文字记录和必要的图像资料。

检验方法：观察检查；核查隐蔽工程验收记录。

检查数量：全数检查。

散热设备的单位散热量、金属热强度以及保温材料的厚度、导热系数、密度和吸水率是供暖工程中重要的性能参数，它是否符合设计要求，直接影响到供暖系统运行和节能效果。

7.3 质量标准

散热器及其安装应符合下列规定：

1. 每组散热器的规格、数量及安装方式应符合设计要求；

2. 散热器外表面应刷非金属性涂料；

3. 散热器安装前应做水压试验，水压试验应符合设计要求；设计无要求时，水压试验应符合 GB 50242《建筑给排水及采暖工程施工质量验收规范》的相关规定。

检验方法：观察检查；查水压试验记录。

检查数量：按散热器组数抽查 5%，不得少于 5 组。

散热器恒温阀及其安装应符合下列规定：

1. 恒温阀的规格、数量应符合设计要求；

2. 明装散热器恒温阀不应安装在狭小和封闭的空间，其恒温阀阀头应水平安装，且不应被散热器、窗帘或其他障碍物遮挡；

3. 暗装散热器的恒温阀应采用外置式温度传感器，并应安装在空气流通且能正确反映房间温度的位置上。

检查方法：观察检查。

检查数量：按总数量抽查 5%，不得少于 5 个。

供暖工程热力入口装置的安装应符合下列规定：

1. 热力入口装置各种部件的规格、数量，应符合设计要求；

2. 热计量装置、过滤器、压力表、温度计的安装位置、方向应正确，并便于观察、维护；

3. 水力平衡装置及各类阀门的安装位置、方向应正确并便于操作和调试。安装完毕后，应根据系统水力平衡要求进行调试。

检验方法：观察检查，核查进场验收记录和调试报告。

检查数量：全数检查。

低温热水地面辐射供暖系统的安装应符合下列规定：

1. 防潮层和绝热层的材质、性能及规格应符合设计要求；

2. 室内温控装置的传感器安装应符合设计要求，并应避开阳光直射和发热设备，宜安装在位于距地 1.4m 处的内墙面上。

3. 地面下敷设的盘管埋地部分不应有接头，加热盘管弯曲部分不得出现硬折弯。

检验方法：防潮层和绝热层隐蔽前观察检查；用钢针刺入绝热层、尺量；观察检查、尺量室内温控装置传感器安装高度；盘管观察检查。

检查数量：防潮层和绝热层按检验批抽查 5 处，每处检查不少于 5 点；温控装置按每个检验批抽查 10 个；盘管全数检查。

供暖管道及配件的保温层和防潮层施工应符合下列规定：

1. 保温层应采用不燃或难燃材料，其材质、规格及厚度等应符合设计要求；

2. 保温管壳的粘贴应牢固、铺设应平整；硬质或半硬质的保温管壳每节至少应用防腐金属丝或难腐织带或专用胶带进行捆扎或粘贴 2 道，其间距为 300～350mm，且捆扎、粘贴应紧密，无滑动、松弛及断裂现象；

3. 硬质或半硬质的保温管壳的拼接缝隙，保温时不应大于 5mm、保冷时不应大于 2mm，并用粘结材料勾缝填满；纵缝应错开，外层的水平接缝应设在侧下方；

4. 松散或软质保温材料应按规定密度压缩其体积，疏密应均匀；毡类材料在管道上包扎时，搭接处不应有空隙；

5. 防潮层应紧密粘贴在保温层上，封闭良好，不得有虚粘、气泡、皱褶、裂缝等缺陷；

6. 立管的防潮层应由管道的低端向高端敷设，环向搭接缝应朝向低端；纵向搭接缝应位于管道的侧面，并顺水；

7. 卷材防潮层采用螺旋形缠绕的方式施工时，卷材的搭接宽度宜为 30～50mm；

8. 供暖管道穿楼板和穿墙处的保温层应连续不间断，且保温层与穿楼板和穿墙处的套管之间应用不燃材料填实不得有空隙，套管两端应进行密封封堵；

9. 管道阀门、过滤器及法兰部位的保温层结构应严密，且能单独拆卸，不得影响其操作功能。

检验方法：按数量抽查 10%；用钢针刺入保温层、尺量检查。

检查数量：管道按轴线长度抽查 10%；且保温层不得少于 10 段、防潮层不得少于 10m、阀门等配件按类别数量抽查 10%，不得少于 5 个。

供暖工程的热水管道与支、吊架之间应设置保温衬垫，其厚度不应小于保温层的厚度，宽度应大于支、吊架支承面的宽度。保温衬垫的表面应平整，做到与保温层密切贴合。

检验方法：观察、尺量检查。

检查数量：按数量抽查 5%，且不得少于 5 处。

供暖工程安装完毕后，应在供暖期内与热源进行联合试运转和调试。联合试运转和调试结果应符合设计要求，供暖房间温度相对于设计计算温度不得低于 2℃，且不应高于 1℃。

检验方法：检查室内供暖系统试运转和调试纪录。

检查数量：全数检查。

锅炉的额定热效率是反映锅炉能耗的重要指标，锅炉能耗的高低对供暖工程节能起着至关重要的作用，因此，在采购时应尽可能选择额定热效率高的锅炉，表 7.1 为锅炉的最低设计效率。

表 7.1　锅炉的最低设计效率

锅炉类型、燃料种类及发热值			在下列锅炉容量（MW）下的设计效率（%）						
			0.7	1.4	2.8	4.2	7.0	14.0	>28.0
燃煤	烟煤	Ⅱ	—	—	73	74	78	79	80
		Ⅲ	—	—	74	76	78	80	82
燃油、燃气			86	87	87	88	89	90	90

余热回收也是锅炉节能的一种方式，当选用普通锅炉或者供水温度不高于 60℃的低温供暖系统时，应设置烟气余热回收装置。

推荐使用冷凝式燃气锅炉，一是其自带余热回收装置；二是燃气热效率高，空气污染小，能耗低。

供暖工程的制式是经过节能专项考虑而设置的，未经设计和图审部门的批准是不得任意更改的，应严格按图施工。设备、阀门和仪表安装到位与否，直接关系到供暖工程能否正常运行。

此项内容是针对目前散热器安装时，为了追求美观对散热器进行装饰，忽视了散热器的散热效果，影响散热器的正常工作。

散热器恒温阀的安装位置和安装方式对恒温阀的使用效

果影响非常大，恒温阀如不能发挥正常功用，对整个供暖系统的节能会产生影响。

有些工程热力入口装置安装不全，或者虽然安装齐全，但是周边空间狭小，不便于操作，常常使一些热力入口装置起不到应有的作用，达不到节能目的。

采用低温热水地面辐射供暖系统时，无地下室的一层地面应设计防潮层和绝热层，绝热层的绝热性能应满足设计要求，避免热量过度散失，造成能源浪费。

7.4 安全环保

管道保温的厚度以及施工质量达不到要求，将严重影响到节能的效果。

管道的支吊架与管道保温结合面不严密是影响保温效果的原因之一，这是要予以严格要求的。

供暖工程的联合试运转和调试常常受到季节的影响，在不能满足系统调试条件时，可以在供暖工程完成后的第一个供暖期进行补充调试，但调试结果应符合本条规定。（此项内容为国家标准规范强制性规定）

在隐蔽部位隐蔽前，必须进行验收，发现问题应及时整改，避免不合格工程被隐蔽。

8 通风与空调工程

8.1 施工要点

本章适用于绿色建筑通风与空调工程施工质量要求。

通风与空调工程施工质量的验收，除了应符合本规程的规定外，还应按照批准的设计图纸、合同约定的内容和相关技术标准的规定进行验收。

通风与空调工程的验收，可按系统、楼层等相关要求进行。

通风与空调节能工程中的送、排风系统及空调风系统、空调水系统的安装，应符合下列规定：

1. 各系统的形式，应符合设计要求；

2. 各种设备、自控阀门与仪表应按设计要求安装齐全，不得随意增减或更换；

3. 水系统各分支管路水力平衡装置、温控装置与仪表的安装位置、方向应符合设计要求，并便于观察、操作和调试；

4. 空调系统应能实现设计要求的分室（区）温度调控功能。对设计要求分栋、分区或分户（室）冷、热计量的建筑物，空调系统应能实现相应的计量功能。

5. 空调冷（热）水系统，应能实现设计要求的变流量或定流量运行。

检验方法：观察检查。

检查数量：全数检查。

8.2 质量要点

绿色建筑通风与空调工程所采用的冷热源设备及其辅助设备、末端设备、管道、自控阀门、仪表、绝热材料等产品进场时，应对其类型、规格以及节能技术性能参数、绿色等级或能效等级等进行核查和验收。验收与核查的结果应经监理工程师（建设单位代表）检查认可，并应形成相应的验收与核查记录。各种材料、设备的质量证明文件和相关技术资料应齐全，并应符合有关现行标准和规定。

1. 锅炉的单台容量及其额定热效率；

2. 电机驱动压缩机的蒸汽压缩循环冷水（热泵）机组的额定制冷量（制热量）、输入功率、性能系数及综合部分负荷性能系数；

3. 电机驱动压缩机的单元式空气调节机、风管送风式和屋顶式空气调节机组的名义制冷量、输入功率及能效比；

4. 蒸汽和热水型溴化锂吸收式机组及直燃型溴化锂吸收式冷（温）水机组的名义制冷量、供热量、输入功率及性能系数；

5. 热交换器的单台换热量；

6. 空调冷热水系统循环水泵的流量、扬程、电机功率及输送能效比；

7. 冷却塔的流量及电机功率；

8. 组合式空调机组、柜式空调机组、新风机组、单元式空调机组、热回收装置等设备的冷量、热量、风量、风压、功率及额定热回收效率；

9. 风机的风量、风压、功率及其单位风量耗功率；

10. 自控阀门与仪表的技术性能参数；

11. 成品风管的技术性能参数。

检验方法：观察检查；检查进场验收记录与核查记录，技术资料和性能检测报告等质量证明文件与实物核对。

检查数量：全数检查。

风机盘管机组和绝热材料进场时，应对其下列技术性能参数进行复验，复验应为见证取样送检：

1. 风机盘管机组的供冷量、供热量、风量、出口静压、噪声及功率；

2. 绝热材料的导热系数、密度、吸水率。

检验方法：现场随机抽样送检；核查复验报告。

检查数量：同一厂家的风机盘管机组按数量复验2%，但不得少于2台；同一厂家同材质的绝热材料复验次数不得少于2次。

锅炉、热交换器、电机驱动压缩机的蒸气压缩循环冷水（热泵）机组、蒸汽或热水型溴化锂吸收式冷水机组及直燃型溴化锂吸收式冷（温）水机组等设备的安装，应符合下列要求：

1. 规格、数量应符合设计要求；

2. 安装位置及管道连接应正确。

检验方法：观察检查。

检验数量：全数检查。

冷却塔、水泵等辅助设备的安装应符合下列要求：

1. 规格、数量应符合设计要求；

2. 冷却塔设置位置应通风良好，并应远离厨房排风等高温气体；

3. 管道连接应正确。

检验方法：观察检查。

检查数量：全数检查。

组合式空调机组、柜式空调机组、新风机组、单元式空调机组等的安装应符合下列规定：

1. 各种空调机组的规格、数量应符合设计要求；

2. 安装位置和方向应正确，且与风管、送风静压箱、回风箱的连接应严密、可靠；

3. 现场组装的组合式空调机组各功能段之间连接应严密，并应做漏风量的检测，其漏风量应符合现行国家标准 GB/T 14294《组合式空调机组》的规定；

4. 机组内的空气热交换器翅片和空气过滤器应清洁、完好，且安装位置和方向必须正确，并便于维护和清理。

检验方法：观察检查；核查漏风量测试记录。

检查数量：按同类产品的数量抽查 20%，且不得少于 1 台。

风机盘管机组的安装应符合下列规定：

1. 规格、数量应符合设计要求；

2. 位置、高度、方向应正确，并便于维护、保养；

3. 机组与风管、回风箱及风口的连接应严密、牢固；

4. 空气过滤器的安装应便于拆卸和清理。

检验方法：观察检查。

检查数量：按总数抽查 10%，且不得少于 5 台。

通风与空调系统中风机的安装应符合下列规定：

1. 规格、数量应符合设计要求；

2. 安装位置及进、出口方向应正确，与风管的连接应严密、牢固。

检验方法：观察检查。

检查数量：全数检查。

带热回收功能的双向换气装置和集中排风系统中的排风热回收装置的安装应符合下列规定：

1. 规格、数量及安装位置应符合设计要求；

2. 进、排风管的连接应正确、严密、牢固；

3. 室外进、排风口的安装位置、高度及水平距离应符合设计要求。

检验方法：观察检查。

检查数量：按总数抽检20%，且不得少于1台。

空调机组回水管上的电动两通（调节）阀、风机盘管机组回水管上的电动两通（调节）阀、空调冷热水系统中的水力平衡阀、冷（热）量计量装置等自控阀门与仪表的安装应符合下列规定：

1. 规格、数量应符合设计要求；

2. 方向应正确，位置应便于操作和观察。

检验方法：观察检查。

检查数量：按类型、数量抽查10%，且均不得少于1个。

冷热源侧的电动两通调节阀、水力平衡阀及冷（热）量计量装置等自控阀门与仪表的安装，应符合下列规定：

1. 规格、数量应符合设计要求；

2. 方向应正确，位置应便于操作和观察。

检验方法：观察检查。

检查数量：全数检查。

风管的制作与安装应符合下列规定：

1. 风管的材质、断面尺寸及厚度应符合设计要求；

2. 风管与部件、风管与土建风道及风管间的连接应严密、牢固；

3. 风管的严密性及风管系统的严密性检验和漏风量，应符合设计要求或现行标准的有关规定；

4. 需要绝热的风管与金属支架的接触处、复合风管及需要绝热的非金属风管的连接处和内部支撑加固处等，应有防热桥的措施，并应符合设计要求。

检验方法：观察、尺量检查；核查风管及风管系统严密性的检验记录。

检查数量：按数量抽查10%，且不得少于1个系统。

空调风管系统及部件的绝热层和防潮层施工应符合下列规定：

1. 绝热层应采用不燃或难燃材料，其材质、规格及厚度等应符合设计要求；

2. 绝热层与风管、部件及设备应紧密贴合，无裂缝、空隙等缺陷，且纵、横向的接缝应错开；

3. 绝热层表面应平整，当采用卷材或板材时，其厚度允许偏差为5mm；当采用涂抹或其他方式时，其厚度允许偏差为10mm；

4. 风管法兰部位绝热层的厚度，不应低于风管绝热层厚度的80%；

5. 风管穿楼板和穿墙处的绝热层应连续不间断；

6. 防潮层（包括绝热层的端部）应完整，且封闭良好，其搭接缝应顺水流方向；

7. 带有防潮层隔汽层绝热材料的拼缝处，应用胶带封严，粘胶带的宽度不应小于50mm；

8. 风管系统部件的绝热，不得影响其操作功能。

检验方法：观察检查；用钢针刺入绝热层，尺量检查。

检查数量：管道按轴线长度抽查10%；风管穿楼板和穿墙处及阀门等配件抽查10%，且不得少于2个。

空调水系统管道及配件的绝热层和防潮层施工，应符合下列规定：

1. 绝热层应采用不燃或难燃材料，其材质、规格及厚度等应符合设计要求；

2. 绝热管壳的粘贴应牢固、铺设应平整；硬质或半硬质的绝热管壳每节至少应用防腐金属丝或难腐蚀织带或专用胶带进行捆扎或粘贴2道，其间距为300～350mm，且捆扎、粘贴应紧密，无滑动、松弛与断裂现象；

3. 硬质或半硬质绝热管壳的拼接缝隙，保温时不应大于5mm，保冷时不应大于2mm，并用粘结材料勾缝填满；纵缝应错开，外层的水平接缝应设在侧下方；

4. 松散或软质保温材料应按规定的密度压缩其体积，疏密应均匀；毡类材料在管道上包扎时，搭接处不应有空隙；

5. 防潮层与绝热层应结合紧密，封闭良好，不得有虚粘、气泡、褶皱、裂缝等缺陷；

6. 防潮层的立管应由管道的低端向高端敷设，环向搭接缝应朝向低端；纵向搭接缝应位于管道的侧面，并顺水流方向；

7. 卷材防潮层采用螺旋形缠绕的方式施工时，卷材的搭接宽度宜为30～50mm；

8. 空调冷热水管穿楼板和穿墙处的绝热层应连续不间断，且绝热层与穿楼板和穿墙处的套管之间应用不燃材料填实，不得有空隙，套管两端应进行密封封堵；

9. 管道阀门、过滤器及法兰部位的绝热结构应能单独拆卸，且不得影响其操作功能。

检验方法：观察检查。用钢针刺入绝热层、尺量检查。

检查数量：按数量抽查10%，且绝热层不得少于10段、防潮层不得少于10m、阀门等配件不得少于5个。

空调水系统的冷热水管道与支、吊架之间应设置绝热衬垫，其厚度不应小于绝热层厚度，宽度应大于支、吊架支承面的宽度。衬垫的表面应平整，衬垫与绝热材料之间应填实，无空隙。

检验方法：观察、尺量检查。

检查数量：按数量抽检5%，且不得少于5处。

当输送介质温度低于周围空气露点温度的管道，采用非闭孔绝热材料作绝热层时，其防潮层和保护层应完整，且封闭良好。

检验方法：观察检查。

检验数量：全数检查。

空调通风系统安装完毕，应进行通风机和空调机组等设备的单机试运转和调试，并应进行系统的风量平衡调试。单机试运转和调试结果应符合设计要求；系统的总风量与设计风量的允许偏差不应大于10%，风口的风量与设计风量的允许偏差不应大于15%。

检验方法：观察检查和现场检测；核查试运转和调试记录。

检验数量：全数检查。

空调系统冷热源和辅助设备及其管道和管网系统安装完毕后，系统试运转及调试必须符合下列规定。

1. 冷热源和辅助设备必须进行单机试运转和调试。

2. 冷热源和辅助设备必须同建筑室内空调系统进行联合试运转及调试。

3. 联合试运转和调试结果应符合设计要求。

检验方法：观察检查和现场检测；核查试运转和调试记录。

检验数量：全数检查。

8.3 质量标准

通风与空调系统应随施工进度对隐蔽部位或内容进行验收，并应有详细的文字记录和必要的图像资料。

检验方法：观察检查；核查隐蔽工程验收记录。

检查数量：全数检查。

空气风幕机的规格、数量、安装位置和方向应正确，纵向垂直度和横向水平度的偏差均不应大于0.2%。

检验方法：观察检查。

检查数量：按总数量抽查10%，且不得少于1台。

变风量末端装置与风管连接前宜做动作试验，确认运行正常后再封口。

检验方法：观察检查。

检验数量：按总数量抽查10%，且不得少于2台。

空调与采暖系统的冷热源设备及其辅助设备、配件的绝热，不得影响其操作功能。

检验方法：观察检查。

检查数量：全数检查。

此项内容给出了通风与空调工程如果工程承包商要进行

图纸的设计或深化时，应具有不低于原设计单位的设计资质，同时应得到原设计单位的认可。系统变更、原设计的节能指标发生变化，需要经审图部门审查通过。

组合式空调机组、柜式空调机组、新风机组、单元式空调机组及多联机空调系统室内机等设备的供冷量、供热量、风量、风压、噪声及功率；风机盘管的供冷量、供热量、风量、出口静压、噪声及功率；风机、排风热回收装置、双向换气装置的风量、风压、功率、效率及额定热回收效率；阀门与仪表的类型、规格、材质及工作压力等技术性能参数；金属风管、非金属风管、复合材料风管及成品风管的规格、材质及厚度都应严格核对。

国家相关标准规范规定在风机盘管机组和绝热材料进场时，应对其热工等技术性能参数进行复验。复验应采取见证取样送检的方式，即在监理工程师或建设单位代表见证下，按照有关规定从施工现场随机抽取试样，送至有见证检测资质的检测机构进行检测，并应形成相应的复验报告。

为保证通风与空调节能工程中送、排风系统及空调系统、空调水系统具有节能效果，首先要求工程设计人员将其设计成具有节能功能的系统；其次要求在各系统中要选用节能设备和设置一些必要的自控阀门与仪表，并安装齐全到位。

国家相关标准规范对组合式空调机组、柜式空调机组、新风机组、单元式空调机组安装的验收质量作出了规定。当设计未注明过滤器的阻力时，应满足粗效过滤器的初阻力≤50Pa（粒径≥5.0μm，效率：80%>E≥20%）；中效过滤器的初阻力≤80Pa（粒径≥1.0μm，效率：70%>E≥20%）的要求。

当空调冷水（媒）系统温度低于其管道或设备的外环境温度且不允许流体介质温度有升高，或当空调热水（媒）系统的温度高于其管道或设备的外环境温度且不允许流体介质温度有降低时，管道与设备应采取保温、保冷措施。

末端与空调管道应采取措施减少冷热量损失。空气调节风系统不应采用土建风道作为空气调节系统的送风道和已经过冷、热处理后的新风送风道；不得以而使用土建风道情况下，必须采用可靠的防漏风和绝热措施。空调风系统应采用可靠的防漏风和绝热措施。

国家相关标准规范强调双向换气装置和排风热回收装置的规格、数量应符合设计要求，是为了保证对系统排风的热回收效率（全热和显热）不低于60%。条文要求其安装和进、排风口位置及接管等应正确，是为了防止功能失效和污浊的排风对系统的新风引起污染。

在空调系统中设置自控阀门和仪表，是实现系统节能运行的必要条件。当空调场所的空调负荷发生变化时，电动两通调节阀和电动两通阀，可以根据已设定的温度通过调节流经空调机组的水流量，使空调冷热水系统实现变流量的节能运行。

制定本规定的目的是为了保证通风与空调系统所用风管的质量以及风管系统安装的严密，减少因漏风和热桥作用等带来的能量，保证系数安全可靠地运行。

国家相关标准规范明确规定，风管和空调水系统管道的绝热应采用不燃或难燃材料，其材质、密度、导热系数、规格与厚度等应符合设计要求。

对于空调水系统包括冷热源机房、换热站内部空调的冷热水管道与支、吊架之间必须设置绝热衬垫进行了强调，并对其装置要求全数检查。

分项工程检验批验收应符合下列规定：

1. 主控项目的质量抽样检验应全数合格；

2. 一般项目的质量抽样检验，除有特殊要求外，计数合格率不应小于80%，且不得有严重缺陷。

8.4 安全环保

空调风系统安装完毕后，应进行单机试运转和现场检测；检测应符合DGJ32/TJ191《供暖通风与空气调节系统检测技术规程》的有关规定。

空调系统冷热源和辅助设备及水系统管道和管网安装完毕后，应进行水压试验；联合试运转和调试结果且允许偏差或规定值应符合DGJ32/TJ191《供暖通风与空气调节系统检测技术规程》的有关规定。当联合试运转及调试不在供冷期或供暖期时，应先对系统末端设备的水流量、空调冷热水系统总流量、空调冷却水系统总流量进行检测，并在第一个供冷期或供暖期内，对带冷（热）源补做室内温度、输送能效比两个项目进行检测。

通风与空调系统有关的隐蔽部位位置特殊，一旦出现质量问题后不易发现和修复。因此，本条文规定应随施工进度及时对其进行验收。通常主要隐蔽部位检查内容有：地沟和顶棚内部的管道、配件安装及绝热层附着的基层及其表面的处理、绝热材料的粘结或固定、绝热板材的板缝及构造节点、热桥部位的处理等。

9 建筑电气工程

9.1 施工要点

本章适用于绿色建筑电气工程施工质量要求。

绿色建筑电气工程验收的检验批划分应按照本规程的规定执行。当需要重新划分时，可按照系统、楼层、建筑分区划分为若干个检验批。

绿色建筑电气工程所使用的材料、灯具、照明设备等产品进场时，应对其类型、规格以及节能技术性能参数、绿色能效评价等级等进行核查和验收。进场核查和验收的结果应经监理工程师（建设单位代表）检查认可，并形成相应的核查、验收记录。质量证明文件和相关技术资料应齐全，并应符合国家（省）现行有关标准和规定的要求。

检查方法：按照进场批次，对技术资料和性能检测报告等质量证明文件与实物核对检查。

检查数量：全数检查。

9.2 质量要点

电源各相负载不均衡会影响造成电能损耗和资源浪费，是节能控制指标之一。当建筑物中使用变频器、计算机等用电设备时，谐波含量增加，谐波电流对电源质量危害较大，在通过变压器和电机时产生过热或震动，而增加损耗，影响电源工作质量，并对电气设备的正常工作和安全产生危害。

照明系统的照度和功率密度值是反映照明系统重要的节能指标，应该严格控制。对于不能完全按照要求完成的毛坯房住宅工程，对住宅内部分建议不进行照度和功率密度值的检测。

通过抽检，使其计量精度达到设计的要求。表计对能够对电流、电压、有功功率、功率因数、有功电能、最大需量、总谐波含量等参数进行计量和监测符合节能的要求。

通过多方调研各类照明系统和设备的用电计量均未落实到位，为了体现节能的要求，做到用电节能至关重要，特此强调。

照明系统的分区控制是绿色照明的重要环节。

本条严格规定了照明系统分区的节能措施和要求。同时强调在保证照度满足设计要求的前提下，实现分区控制和抽查的要求。

9.3 质量标准

低压配电系统选用的电缆（电线）截面积不得低于设计规定值，进场时应对其截面积和线芯导体电阻值进行见证取样送检。

检查方法：按照进场时批次抽样送检，核查检验报告结果。

检查数量：同品牌进场各种规格总数的 10%，且不少于 2 个规格。

建筑电气工程中采用的照明光源、灯具及照明设备进场时，应对灯具效率允许值、灯具镇流器能效值、照明设备谐波含量值等技术性能参数进行核查，并应符合相关国家（省）标准或设计的要求。

检验方法：对技术资料和性能检测报告等质量证明文件与实物核对检查。

检查数量：全数检查

当低压配电工程安装完成后，应进行系统调试，其配电电源质量应符合下列要求：

1. 10kV及以下配电变压器低压侧，功率因数不低于0.9；

2. 供电电压允许偏差：三相供电电压允许偏差为标称系统电压的±7%；单相220V为+7%、-10%；

3. 三相电压不平衡度允许值为2%，短时不得超过4%；

4. 谐波电流不应超过表9.1中规定的允许值。

表9.1 谐波电流允许值

标准电压(kV)	基准短路容量(MV·A)	谐波次数及谐波电流允许值（A）											
		2	3	4	5	6	7	8	9	10	11	12	13
0.38	10	78	62	39	62	26	44	19	21	16	28	13	24
		谐波次数及谐波电流允许值（A）											
		14	15	16	17	18	19	20	21	22	23	24	25
		11	12	9.7	18	8.6	16	7.8	8.9	7.1	14	6.5	12

检验方法：在已安装的变频和照明灯可产生谐波的用电设备均投入的情况下，使用三相电能质量分析仪在变压器的低压侧测量。

检查数量：全数检查。

在通电试运行中，应测试和记录照明系统的照度和功率密度值。照度、功率密度值，应符合 GB 50034《建筑照明设计标准》和 DG33/1092—2016《浙江省绿色建筑设计标准》等相关规范的要求。

检查方法：在无外界光源的情况下，检测被检区域内平均照度和功率密度值。

检查数量：每个功能区域检查不少于 5 处。

对于变压器低压侧总开关处应设置的电子式多功能电表，并能够进行电流、电压、有功功率、功率因数、有功电能、最大需量、总谐波含量等参数监测和计量，其测试值应能够自动记录和存储，并应符合设计和相关规范的要求。

检查方法：按照设计图纸现场抽检、核查检验报告。

检查数量：按照功能参数抽检不少于 10%。

大型公共建筑或国家机关办公建筑，其照明系统、水泵、锅炉、冷却塔、空调机组、风机、电梯以及信息机房的用电分项计量装置，应能够自动记录和存储各个用电设备的用电量和能效参数，并应预留相关数据上传的协议接口。

检查方法：现场检查能效标记和电表、能效计量表，核对与相关要求的相符性。

检查数量：按系统抽检 10%，且不少于 5 处。

照明自动控制系统的功能应符合设计要求，当设计无明确要求时，应采取措施实现下列控制功能的要求：

1. 大型公共建筑的公共照明区域应采用集中控制并应按照建筑物使用条件和天然采光状况采用分区、分组控制措施；

2. 旅馆的客房内应设置节能控制开关；

3. 房间或场所设有两列或多列灯具时，其控制方式应

满足下列要求

1）所控灯列与侧窗平行；

2）会议室、多功能厅、报告厅等场所，按靠近或远离讲台分组。

照明系统采用的感应延时控制、光控延时、声控延时控制或定时控制等一种或多种集成的控制方式或分区控制方式应符合设计要求。

检查方法：现场检查、模拟试验。

检查数量：按系统抽检10%，且不少于5处。

建筑物内楼梯间、走道等处的应急照明由自熄开关控制时，必须具有应急强制切换和自动点亮功能。

检查方法：现场检查、模拟试验。

检查数量：按系统抽检10%，且不少于5处。

公共建筑的门厅、电梯大堂、客房层走廊灯场所，照明系统控制宜具有夜间定时调光和降低照度的功能。

检查方法：现场检查、模拟试验

检查数量：按系统抽检10%，且不少于5处

母线与母线或母线与电器接线端子，当采用螺栓搭接连接时，应采用力矩扳手拧紧，制作应符合GB 50303《建筑电气工程施工质量验收规范》标准相关规定。

检查方法：使用力矩扳手对压接螺栓进行力矩检测。

检查数量：母线按照检验批抽查10%，且不少于1处。

交流单芯电缆或分相后的每相电缆宜品字型（三叶型）敷设，且不得形成闭合铁磁回路。

检验方法：观察检查。

检查数量：全数检查。

三相照明配电干线的各相负荷宜分配均匀，其最大相负

荷不宜超过三相负荷平均值的115%，最小相负荷不宜小于三相负荷平均值的85%。

检查方法：在建筑物照明通电试运行时开启全部照明负荷，使用三相功率计检测各项负载电流、电压和功率。

检查数量：全数检查

单台电梯应具有集选控制、闲时停梯操作、灯光和风扇自动控制等节能控制措施。多台电梯集中排列时，应具有按照规定程序进行集中调度和控制的群控功能。自动扶梯与自动人行道应具有节能拖动及节能控制装置，在全线各段均空载时应暂停或低速运行。

检查方法：现场模拟试验。

检查数量：按总台数的10%抽检，且不少于2台。

居住建筑用电应分项分户计量，电计量表应集中布置便于管理。

检查方法：现场观察检查。

检查数量：按系统抽检5%，且不少于5处。

此项内容给出了绿色建筑电气工程验收检验批的划分原则和方法，可根据工程的实际情况，结合专业的特点，按系统或按楼层划分检验批，进行验收。

此项内容提出了在绿色建筑电气工程中应用的材料、设备和部件必须是经过绿色认证或能效评价合格的产品，确保选用低损耗、低噪声、国家认证机构确认的节能产品。不符合绿色、低耗高效的产品不得用于绿色建筑建筑工程中。

此项内容为国家相关标准规范强制性条文。为避免工程中不符合国家标准的非标电缆（电线）用于绿色建筑工程，降低不必要的电气线路损耗，加强对进场电缆（电线）的质量控制。工程中使用的电线电缆必须按照进场批次进行见证取样送检，确保应用于绿色建筑工程中的电线电缆符合GB/T 3956《电缆的导体》中的规定。

表 9.2 是建筑电气工程中常用的单股导线标称截面积、20℃时导体最大电阻（Ω/km）的要求值（仅供参考）。具体型号和规格的产品应按照国家有关电缆检测标准执行。

表 9.2　20℃时导体最大电阻（Ω/km）的要求值

标称截面积（mm^2）	20℃时导体最大电阻值（Ω/km）
0.5	36.0
0.75	24.5
1.0	18.1
1.5	12.1
2.5	7.41
4	4.61
6	3.08
10	1.83
16	1.15
25	0.727
35	0.524
50	0.386
70	0.268
95	0.193
120	0.153
150	0.124

建议：抽检数量中规定的 2 个规格以进场数量和实际用量最多的 2 个规格为宜。

选择高效的照明光源、灯具及其附属装置直接关系到建筑照明系统的节能效果。随着照明设备和灯具的推陈出新，相关参数发生变化时，会及时更新。在设计或其他规范或标准无要求或低于下列要求时，可参照下表中规定值执行。

1. 照明设备谐波含量限值应符合下列要求（表 9.3）

表 9.3　照明设备谐波含量限值表

谐波次数 n	基波频率下输入电源百分比数表示的 最大允许谐波电流（%）
2	2
3	30×λ
5	10
7	7
9	5
11≤n≤39（仅有奇次谐波）	3

注：λ 为电路功率因数。

2. 常用灯具性能要求值如下：

1）荧光灯灯具和高强度气体放电灯灯具的效率允许值（表 9.4）。

表 9.4　气体放电灯灯具的效率允许值表

灯具出光口型式	开敞式	保护罩（玻璃或塑料）		格栅	格栅或透光罩
		透明	磨砂、棱镜		
荧光灯灯具	75%	65%	55%	60%	—
高强度气体放电灯灯具	75%	—	—	60%	60%

2）管型荧光灯能效值（表 9.5）。

表 9.5　管型荧光灯能效值表

标称功率（W）		18	20	22	30	32	36	40
镇流器能效因数（BEF）	电感型	3.154	2.952	2.770	2.232	2.146	2.030	1.992
	电子型	4.778	4.370	3.998	2.870	2.678	2.402	2.270

加强对母线压接接头的质量控制，避免由于压接接头的施工质量问题而产生局部接触电阻增加，从而造成发热，增加损耗。拧紧力矩值可参照表 9.6。

表 9.6　母线压接接头的拧紧力矩值

序号	螺栓规格	力矩值（N·m）
1	M8	8.8～10.8
2	M10	17.7～22.6
3	M12	31.4～39.2
4	M14	51.0～60.8
5	M16	78.5～98.1
6	M18	98.0～127.4
7	M20	156.9～196.2
8	M14	274.6～343.2

9.4　安全环保

交流单相或三相单芯电缆如果并排敷设或用铁制卡箍固定会形成铁磁回路，造成电缆发热，增加损耗并形成安全隐患。

电源各相负载不均衡会影响照明器具的发光效率和使用寿命，造成电能损耗和资源浪费。检查方法中的试运行不是带载运行，应该是在所有照明灯具全部投入的情况下用功率表测量。

分户用电计量现在已实现，但集中布置、远程抄表、数据远传是必须要达到的目标。

10　监测与控制工程

10.1　施工要点

本章适用于绿色建筑监测与控制系统的施工质量要求。

监测与控制系统验收的主要对象应为给水排水、供暖、通风与空气调节和建筑电气工程中所采用的监测与控制系统，能耗计量系统以及建筑能源管理系统。

绿色建筑观察所涉及到的可再生能源利用、能源回收利用以及其他相关的建筑设备监控部分也应参照本章的相关规定执行。

监测与控制工程的检验批划分应按照本规程的规定执行。当需要重新划分时，可按照系统划分为若干个检验批。

施工单位应依据监测与控制工程设计文件制订系统控制流程图，严格按照相关要求进行检查和检测，并对监测与控制系统在竣工验收前进行不少于 168h 的不间断试运行。

对不具备试运行条件的项目，应在审核调试记录的基础上进行检测和试验，以检测监测与控制系统的节能监控功能。

10.2　质量要点

监测与控制系统采用的设备、材料及附属产品进场时，应按照设计要求对其品种、规格、型号、外观和能效评价及标识等进行检查验收，并应经监理工程师（建设单位代表）检查认可，且应形成相应的质量记录。优先选用具有国家绿色标识的产品。

检验方法：按照设计要求核查质量证明文件和技术资料核查实物与资料的一致性。

检查数量：全数检查。

监测与控制系统安装质量应符合以下规定：

1. 传感器的质量、安装位置、插入深度等应符合产品和GB 50093《自动化仪表工程施工及验收规范》的有关规定；

2. 阀门型号和参数应符合设计要求，其安装位置、阀前后直管段长度、流体方向等应符合产品安装要求；

3. 压力和差压仪表的取压点、仪表配套的阀门安装应符合产品和设计要求；

4. 流量仪表的型号和参数、仪表前后的直管段长度等应符合产品要求；

5. 变频器安装位置、电源回路敷设、控制回路敷设应符合设计要求；

6. 智能化变风量末端装置的温度设定器安装位置应符合产品要求；

7. 温度传感器的安装位置、插入深度应符合产品设置要求；

8. 涉及节能控制的关键传感器应预留检测孔或检测位置，管道保温时应做明显标注。

检验方法：对照图纸或产品说明书目测和尺量检查。

检查数量：按系统抽查不少于10%，且不少于5处。

监测与控制系统应对系统投入、监控功能、故障报警连锁控制以及数据采集等进行检测，检测结果应符合要求。

检查方法：调用监控历史数据和运行记录，进行分析。

检查数量：全数检查。

通风与空调监测控制系统的控制功能及故障报警功能应符合设计要求。

检查方法：在中央工作站使用系统监测软件，或采用在直接数字控制器或通风与空调系统自带控制器上改变参数设定值和输入参数值，检测控制系统的投入情况及控制功能；在工作站或现场模拟故障，检测故障监视、记录和报警功能。

检查数量：按照系统总数的20％抽检，不足5台全部检测。

供暖、通风与空调系统要求能够通过系统的优化、监控，在达到设计要求节能率的前提下，使其运行工况处在最佳区间值。

检查方法：采用人工输入数据的方法进行模拟测试，按不同的设计要求的运行工况检测温度、流量、风口风量等参数值。

检查数量：全数检查。

供暖与空调专业的冷热量总表、燃气（油）总表的数据远转功能，应符合设计要求。

检查方法：对照设计文件，核查相关检验报告和现场观察检查。

检查数量：全数检查。

绿色建筑能源管理系统的能耗数据采集与分析功能，设备管理和运行管理功能，优化能源调度功能，数据集成功能应符合设计要求。

检查方法：对管理软件进行功能检测。

检查数量：全部检查。

10.3 质量标准

监测与计量装置的检测计量数据应准确，并符合系统对测量准确度的要求。

检查方法：用标准仪器仪表在现场实测数据，将此数据分别与直接数字控制器和中央工作站显示数据进行比对。

检查数量：按照系统抽查不少于10%，且不少于5处。

检测监测与控制系统在投入运行后，对其运行的可靠性、实时性、可维护性等系统性能进行检查，主要包括下列内容：

1. 控制设备的执行器动作应与控制系统的指令一致；

2. 控制系统的采样速度、操作响应时间、报警反应速度应符合设计要求；

3. 设备启动和停止功能及状态显示应正确。

检验方法：分别在中央现场控制器和现场利用参数设定、数据修改和事件设定等方法，通过与设计要求对照，进行上述系统的性能检测。

检查数量：按照系统的10%抽查，且不少于1处。

此项内容主要适用于建筑物内涉及到节能的建筑设备运行监测和控制。同时，也强调了涉及到绿色建筑的检测与控制系统均应按照本章要求验收。

此项内容给出了绿色建筑电气工程验收检验批的划分原则和方法，可根据工程的实际情况，结合专业的特点，按系统或按楼层划分检验批，进行验收。

此项内容强调了施工单位应根据设计要求，编制详细的过程控制的要点，保证 168h 不间断试运行顺利完成。

对于经确认无法进行试运行的部分也要保证设计要求的功能能够实现。

此项内容主要侧重在用于监测与控制建筑节能系统的设备、材料的能效评价和标识是否符合设计要求。其他的功能（参数）应依相关规范和节能的要求为准。

各类监测元件的误差，对系统节能的监控数据影响较大。每一个取源点的元件均需执行相关的技术标准，这里强调的是在监测和控制系统设备安装前必须依据设计和有关规定，核对进场的设备、元（器）的参数是否符合设计的要求。

在试运行中，对各监控回路分别进行系统投入、监控功能、故障报警连锁控制以及数据采集等，以确保各系统运行能够符合设计要求。

空调系统因季节原因无法是进行不间断运行的。

通过对相关节能系统节能参数的监控，完成系统节能的评价，这是一个系通节能功能的考核，是综合评价的依据和关键，为后续的节能评价提供支持。

各系统数据上传是绿色建筑工程质量验收的主要环节，也是监测和调整相关系统运行严格控制在设计要求的状态下，必须具备的关键要素。

10.4 安全环保

绿色建筑能源管理系统是保证绿色建筑设备优化运行、

维护、管理，实现节能、绿色、环保的有效支持系统，是实践绿色建筑的关键环节之一。

工程中经常忽视的各类计量仪表或装置，测量精度不到设计的要求或系统上、下游计量（检测）仪表精度不达标，造成测量误差超过设计的要求。为此，在此做严格要求。

此项内容提出在检测监测与控制系统在投入运行后，在设计没有要求时，连续运行时间按照 24h 进行。

11 给水排水工程

11.1 施工要点

本章适用于绿色建筑给水排水工程绿色施工质量要求。

绿色建筑给排水节能工程施工质量的检验批划分应按照本规程的规定执行。当需要重新划分时，可按照系统、楼层、建筑分区划分为若干个检验批。

再生水和雨水系统应与建筑物的其他系统同步设计，同步施工，同步验收，各项试运行参数应符合设计及相关规范的要求。

11.2 质量要点

给水排水工程施工中所使用的设备材料、管道、阀门、仪表，绝热和保温材料，应按照设计要求对其类别、材质、规格、外观以及节能指标和标识进行核查，设计符合现行国家有关标准的规定，并应经监理工程师（建设单位代表）检查认可，且形成相应的质量记录。用水器具应采用节水效率等级高的节水器具。

检查方法：核查质保书、合格证以及相关试验报告，现场实物观察检查。

检查数量：全数检查。

高层建筑的给水分区必须按照设计要求设置不得任意更改，当需变更时，应办理设计变更，并得到图审部门的认可。

检查方法：核对所有设计变更。

检查数量：全数检查。

11.3 质量标准

住宅、单独出售的公寓建筑应设置符合规定的计量装置，计量表应出户集中管理，并预留远程抄表系统相匹配的协议接口。

检查方法：现场检查。

检查数量：按照计量装置总数不少于5%抽查。

公共建筑应按照不同使用功能和区域分别设置用水计量装置。对于绿化、景观、空调、游泳池等系统的用水应分别设置计量装置。消防系统宜单独设置计量装置，并应符合下列要求：

1. 计量装置应设置计量表组，便于计量表的定期效验和更换；

2. 计量表组应设置在计量表井内或完善的围护构筑物内；

3. 表井内各部件应防腐措施良好，表井内无积水，有合理的防护和排水措施。

检查方法：现场检查。

检查数量：按照计量装置总数抽查不少于5%，且不少于1个。

各类给水管道系统及相关管道的强度、严密性、灌水和存水试验应符合GB 50242《建筑给排水及采暖工程施工质量验收规范》的要求。

检查方法：抽查核对试验报告。

检查数量：全数检查。

再生水和雨水系统安装应符合下列要求：

1. 再生水高位水箱应与生活高位水箱分设在不同的房间内，如条件不允许只能设在同一房间时，与生活高位水箱的净距离应大于 2m。

2. 再生水和雨水回收系统管道在安装完成后，承压管道系统和设备应进行水压试验，非承压管道和设备应进行灌水试验。管道系统和设备的试验应符合 GB 50242《建筑给水排水及采暖工程施工质量验收规范》的规定。

3. 再生水给水管道不得装设取水水嘴。便器冲洗宜采用密闭型设备和器具。绿化、浇洒、汽车冲洗宜采用壁式或地下式的给水栓。

检查数量：核对检验报告、现场观察检查。

检查数量：按照系统抽查不少于 10%，且不少于 5 处。

再生水和雨水系统应符合下列要求：

1. 再生水给水管道管材及配件应采用耐腐蚀的给水管管材及附件。

2. 再生水管道与生活饮用水管道、排水管道平行埋设时，其水平净距离不得小于 0.5m；交叉埋设时，再生水管道应位于生活饮用水管道下面，排水管道的上面，其净距离不应小于 0.15m。

3. 再生水供水管道严禁与生活饮用水给水管道连接，并应采取下列措施：

（1）再生水管道外壁应涂浅绿色标识；

（2）再生水池（箱）、阀门、水表及给水栓均应有“再生水”标识；

4. 再生水管道不宜暗装于墙体和楼板内。如必须暗装于墙槽内时，应在管道上有明显且不会脱落的标识；

5. 雨水回用系统的水池（箱）、阀门、水表、给水栓、取水口均应明显标注“雨水”标识，管道系统的管道的涂色在设计无要求时，应涂刷绿色并加以间距为2m的红色色环标注。

检验方法：观察和尺量检查。

检查数量：检查不少于10%，且不少于5处。

11.4 安全环保

再生水系统往往被忽视，因一些原因后期补做，形成与建筑结构以及其他的功能系统不协调，在此要求坚持“同步”进行。

因给水排水系统的材料、设备规格、种类繁多，有些产品经过了绿色认证，有些产品进行了部分节能指标的认可。具体情况依据当地建设行政主管规定为准。

此项内容强调应集中管理和远程控制。

此项内容进一步强调计量不仅要保证建筑物内主要系统的用水计量，也要做到美观，空调等用水多的系统也要计量。在条件允许的前提下，建议消防系统也设置计量装置。

此项内容是为了强调经确认的给水系统能效指标不得任意变更。

此项内容是对相应的管道系统延长稳压的时间，确保管道系统的长期稳定不渗不漏，达到节能的效果。

此项内容要求严格区分饮用水和再生水以及其他水，防止相互交叉感染和误饮用。

12　室内环境

12.1　施工要点

本节适用于绿色建筑室内环境的施工质量要求，宜包括室内声学环境、室内天然光环境、室内通风效果和室内空气质量和温湿度等项目。

室内环境的质量标准及验收应满足本规程的要求，也应符合现行国家标准的有关规定。

12.2　质量要点

所用材料的品种、规格、声学性能应符合设计要求和相关标准的规定。

检验方法：观察、尺量检查；核查产品合格证、出厂检验报告和有效期内的型式检验报告。

室内环境的验收项目主要包括：室内污染物和温湿度、室内通风效果、室内噪声级、楼板和分户墙空气声隔声性能、楼板撞击声隔声性能。检验批划分依据 GB 50325《民用建筑工程室内环境污染控制规范》和 GB 50411《建筑节能施工质量验收规范》的相关规定。

入户门、外窗、分户墙以及分户楼板等是噪声传入室内的主要途径，当其品种，规格、声学性能符合设计要求和相关标准要求时，才能保障室内声环境。

其他声学构件或材料主要包含以下方面：一是对建筑噪声源进行声学处理的构件或材料，如电梯井、泵房、空调机组等建筑内噪声源的声学处理构件或材料；二是对体育场馆、多功能厅、接待大厅、大型会议室和剧场等其他有声学要求的房间采用的声学处理构件或材料。三是建筑设计中采用的其他对声学性能明确要求的构件或材料。

室内噪声级依据 GB 50118《民用建筑隔声设计规范》附录 A 的规定进行检测，室内噪声级检测房间，应选取离噪声源最近的房间即距离水泵、空调机组、电梯、室外主干道等最近的房间。分户墙（房间之间）空气声隔声性能检测依据 GB/T 19889.4《声学 建筑和建筑构件隔声测量 第 4 部分：房间之间空气声隔声的现场测量》的规定进行检测。楼板撞击声隔声性能依据 GB/T 19889.7《声学 建筑和建筑构件隔声测量第 7 部分：楼板撞击声声隔声的现场测量》的规定检测。

12.2.1 室内声学环境

1. 入户门、外窗以及其他声学功能材料进入施工现场时，应对下列性能进行复验，复验应为见证取样送检。

(1) 入户门、外窗的空气声隔声性能；

(2) 其他声学构件或材料的隔声性能及相关指标；吸声材料的吸声性能。

检查方法：随机抽样送检；核查复验报告。

检查数量：门窗每个检验批应抽查 5%，并不少于 3 樘，不足 3 樘时应全数检查。建筑隔声吸声材料每检验批不少于 1 组。

2. 建筑围护结构施工完成后，应对建筑物的室内噪声级、分户墙（房间之间）空气声隔声性能、楼板撞击声隔声性能进行现场实体检测。

检查数量：

（1）室内噪声级每个检验批不少于3间；选取离噪声源最近的房间；每间$30m^2$以下不少于1个点，$30m^2$及以上不少于3个点；

（2）楼板和分户墙（房间之间）空气声隔声性能、楼板撞击声隔声性能每个检验批不少于1组。

12.2.2 室内采光环境

1. 外窗和导光管系统的品种、规格应符合设计要求和相关标准的规定。

检查方法：观察、尺量检查；核查质量证明文件。

检查数量：

（1）外窗每个检验批应抽查5%，并不少于3樘，不足3樘时应全数检查；

（2）导光管系统每个检验批应抽查5%，并不少于2套，不足2套时应全数检查；

（3）质量证明文件应按照其出厂检验批进行核查。

2. 外窗的透光折减系数、导光管系统在漫反射条件下的系统效率、导光管集光器材料的透射比、漫射器材料的透射比、导光管材料的反射比和反射膜的反射比应符合设计要求。

检查方法：核查质量证明文件。

检查数量：全数检查。

3. 建筑围护结构施工完成后，应对建筑物的采光系数和采光均匀度（顶部采光时）进行现场实体检测。

检查方法：在无人工光源的情况下，检测被测区域内的采光系数和采光均匀度。

检查数量：每种功能区域检查不少于两处。

12.2.3　室内空气质量和温湿度

1. 所用材料和成品应做质量检查和验收，其品种、规格、有害物质含量必须低于设计和有关标准的限量要求。

1）检查方法：

（1）检查产品合格证、出厂检测报告和有效期内的型式检验报告。

（2）检查复验报告。复检材料：装饰装修材料（石材、人造板及其制品、建筑涂料、溶剂型木器涂料、胶粘剂、木家具、壁纸、聚氯乙烯卷材地板、地毯、地毯衬垫及地毯胶粘剂等的污染物）。

2）检查数量：

（1）每个检验批应至少抽查 3 个点，并不得少于 3 间，不足 3 间应抽查 3 个点；

（2）质量证明文件应按照其出厂检验批进行核查。

2. 施工完成后应对建筑物室内空气中的氨、甲醛、苯、总挥发性有机物、氡等污染物浓度进行现场检测；

3. 设有集中采暖或空调系统的建筑物，施工完成后应对建筑物室内温度、湿度进行现场检测。

检查数量：同一系统型式主要功能房间不少于 10％。

12.2.4　自然通风

1. 所用材料的品种、规格应符合设计要求和相关标准的规定。

检查方法：观察、尺量检查。

2. 施工完成后，应对建筑物的新风量、拔风井（帽）的自然通风效果进行现场检测。

检查方法：检查试验报告。

12.3 质量标准

12.3.1 室内声学环境

1. 入户门、外窗、分户墙体的安装砌筑位置应正确，安装应牢固，不得脱落、松动，门窗与墙体间安装缝隙应填充泡沫等吸声隔声材料。

检查方法：观察检查。

检查数量：全数检查。

2. 公共建筑中的体育场馆、多功能厅、接待大厅、大型会议室和剧场等有声学特性设计要求房间，在施工完成后，应对声学特性进行检测。检测项目包括：最大声级、传输频率特性、传声增益、稳态声场不均匀度、语言传输指数(STIPA)、总噪声级、混响时间和其他标准和设计中要求的参数；检测方法根据 GB/T 4959《厅堂扩声特性测量方法》进行。

检查方法：检查检测报告。

12.3.2 室内采光环境

1. 外窗和导光管系统安装位置应正确，安装应牢固，不得脱落、松动。

检查方法：观察检查。

检查数量：全数检查。

2. 围护结构施工完成后，应对窗地面积比进行现场抽查。窗地面积比应符合设计要求。

检查方法：依据 GB/T 18204.1—2013《公共场所卫生检验方法第 1 部分：物理因素》进行尺量检测。

检查数量：每种功能区域检查不少于两处。

12.3.3　室内空气质量和温湿度

1. 气流组织合理，应符合设计文件要求：

1）重要功能区域供暖、通风与空调工况下的气流组织满足热环境参数设计要求；

2）避免卫生间、餐厅、地下车库等区域的空气和污染物串到其他空间或室外活动场所。

检查方法：检查设计文件，现场复查施工验收记录。

2. 设计要求设置二氧化碳浓度监测系统的主要功能房间中人员密度较高且随时间变化大的区域设置室内空气质量监控系统。

1）对室内的二氧化碳浓度进行数据采集、分析，并与通风系统联动；

2）实现室内污染物浓度超标实时报警，并与通风系统联动。

检查方法：现场功能检查。

3. 地下车库设置与排风设备联动的一氧化碳浓度监测装置。

检查方法：现场功能检查。

4. 设计有要求时，施工完成后应对建筑物室内空气污染物浓度 PM2.5、PM10 进行现场检测。

5. 新风系统、拔风井（帽）的安装位置应正确，安装应牢固，不得脱落、松动。

检查方法：观察检查。

检查数量：全数检查。

6. 依据 DG33/1092—2016《浙江省绿色建筑设计标准》和 GB 50378《绿色建筑评价标准》，室内环境的验收均在本章做了明确的规定。

7. 现行的国家标准对室内环境的部分项目做了明确的规定，本标准为明确项目按相关技术标准执行。室内声环境及构件的隔声性能应符合 GB 50118《民用建筑隔声设计规范》等现行国家标准的有关规定；

绿色建筑选用的装饰装修材料和建筑材料中的有害物质含量必须符合国家强制性标准的要求。选用有害物质含量达标、环保效果好的建筑材料，可以防止由于选材不当造成室内空气污染。室内空气中的氨、甲醛、苯、总挥发性有机物、氡等污染物浓度符合 GB/T 18883《室内空气质量标准》和 GB 50325《民用建筑工程室内环境污染控制规范(2013 版)》等现行国家标准的有关规定。

装饰装修材料中的有害物质以及石材和用工业废渣生产的建筑装饰材料中的放射性物质会对人体健康造成损害。装饰装修材料主要包括石材、人造板及其制品、建筑涂料、溶剂型木器涂料、胶粘剂、木家具、壁纸、聚氯乙烯卷材地板、地毯、地毯衬垫及地毯胶粘剂等。装饰装修材料中的有害物质是指甲醛、挥发性有机物（VOC)、苯、甲苯和二甲苯以及游离甲苯二异氰酸酯及放射性核素等。

建筑材料、装修材料以及后场加工的部品中甲醛、苯、氨、氡等有害物质限量应符合如下现行国家标准：

1）GB 18580《室内装饰装修材料 人造板及其制品中甲醛释放限量》。

2）GB 18581《室内装饰装修材料 溶剂型木器涂料中有害物质限量》。

3）GB 18582《室内装饰装修材料 内墙涂料中有害物质限量》。

4）GB 18583《室内装饰装修材料 胶粘剂中有害物质限量》。

5）GB 18584《室内装饰装修材料 木家具中有害物质限量》。

6）GB 18585《室内装饰装修材料 壁纸中有害物质限量》。

7）GB 18586《室内装饰装修材料 聚氯乙烯卷材地板中有害物质限量》。

8）GB 18587《室内装饰装修材料 地毯、地毯衬垫及地毯胶粘剂有害物质释放限量》。

9）GB 18588《混凝土外加剂中释放氨的限量》。

10）GB 50325《民用建筑工程室内环境污染控制规范（2013 版）》。

11）无机非金属建筑材料和装修材料的放射性应符合 GB 6566《建筑材料放射性核素限量》。

8. 外窗和导光管系统的品种、规格符合设计要求和相关标准的规定，这是一般性的要求，应该得到满足。外窗的品种一般包含了型材、玻璃等主要材料和主要配件、附件的信息，也包含了一定的性能信息；导光管系统的品种一般包含了导光管材料、导光管集光器材料和漫射器材料的品种及相关性能信息。

9. 外窗的透光折减系数、导光管系统在漫反射条件下的系统效率、导光管集光器材料的透射比、漫射器材料的透射比、导光管材料的反射比和反射膜的反射比都是重要的采光性能指标，所以应符合强制性标准的要求。

10. 建筑物采光系数和采光均匀度现场实体检测的方法见 GB/T 5699《采光测量方法》。当外围护结构施工完成后，为了保证建筑物的采光性能，本规范要求对建筑物的采光系数进行现场实体检测，当采用顶部采光时，还需要对采光均匀度进行现场实体检测。其检测目的是：（1）验证采光系数和采光均匀度是否符合 GB 50033《建筑采光设计标准》；（2）验证采光系数和采光均匀度是否符合设计要求；（3）进行采光设施采光效果的比较。

11. 按照 GB/T 18883《室内空气质量标准》和 GB 50325《民用建筑工程室内环境污染控制规范》等现行国家标准的有关规定进行。

12. 设计采用集中采暖、集中空调系统，对室内温湿度有设计要求，检测方法可参照 JG/T 177《公共建筑节能检测标准》和 JGJ/T 132《居住建筑节能检测标准》等现行国家标准的有关规定进行。

13. CSUS/GBC 05—2014《绿色建筑检测技术标准》对于检测的具体参数和检查数量做了明确的要求。

（1）室内新风量按照 JGJ 177《公共建筑节能检测标准》的规定方法进行。

（2）拔风井自然通风效果现场测试应符合以下规定：不同尺寸的拔风井室内端和室外端自然通风口风速和空气温度要分别检测，且不多于 3 种。要按照拔风井室内端和室外端风口的面积布置，小于 100m² 的风口应设 3 个测试点；100m² 及以上至少设 5 个测试点。宜采用自动检测仪逐时检测和记录。

（3）无动力拔风帽自然通风效果现场测试应符合以下规定：不同尺寸的拔风帽分别检测且不多于 3 个，少于 3 个时全数检测；风速和温度测试应按照拔风帽室内端和室外端风口的面积布置，小于 100m² 的风口应设 3 个测试点；100m²

及以上至少设 5 个测试点，宜采用自动检测仪逐时检测和记录。

14. 室内环境质量的检验批按照下列规定划分：

（1）相同材料工艺和施工条件的室内环境每 60 间应划分为一个检验批，不足 60 间也应划分为一个检验批。

（2）相同材料工艺和施工条件的室内环境，3000m^2 应划分为一个检验批，不足 3000m^2 也应划分为一个检验批。

（3）公共建筑中的体育场馆、多功能厅、接待大厅、大型会议室和剧场等其他有声学特性设计要求的，应进行全数检验。

（4）同一厂家的同一品种、类型和规格的门窗、建筑构件以及隔声吸声材料每 100 樘（件、m^2）划分为一个检验批，不足 100 樘（件、m^2）也为一个检验批。

（5）同一厂家的同一品种、类型和规格的导光管系统每 50 套划分为一个检验批，不足 50 套也为一个检验批。

12.4 安全环保

GB/T 4959—2011《厅堂扩声特性测量方法》对具体参数和检查数量做了明确的要求，本标准按此执行。当厅堂声学特性设计中明确参数指标和参照标准时，可按照设计要求的方法检测。

外窗和导光管系统的安装位置直接影响建筑物的采光性能，安装的牢固程度直接影响其的长期性和耐久性，所以应逐一核查。

建筑师在进行采光方案设计时，常用窗地面积比值估算开窗面积，因此，可通过测量和计算窗地面积比对采光条件进行核验，这种方法较为简便和有效。GB/T 18204.1—2013《卫生检验方法第1部分：物理因素》的采光系数是用窗地面积比来定义的，这与GB 50033《建筑采光设计标准》中的采光系数的定义不一致，本文采用GB 50033《建筑采光设计标准》中采光系数的定义。

13　场地与室外环境

13.1　施工要点

本章适用于绿色建筑节地与室外环境工程施工质量要求。

节地与室外环境工程的施工质量验收，应符合本规程和设计图纸、相关技术规定和合同约定内容的要求。

分项工程检验批验收应符合下列规定：

1. 主控项目的质量抽样检验应全数合格；

2. 一般项目的质量抽样检验，除有特殊要求外，计数合格率不应小于80%，且不得有严重缺陷。

建筑场地选址应符合各省各地城乡规划，且符合各类保护区、文物古迹保护的建设控制要求；场地无洪涝、滑坡、泥石流等自然灾害的威胁，无危险化学品、易燃易爆危险源的威胁；无电磁辐射、含氡土壤等危害；场地内无排放超标的污染源等设计要求。对于无法避开安全隐患的场地应检查当地认可的安全评价或措施保障文件。

检验方法：核查建设工程规划许可证、规划验收证明材料、环境影响评估报告、专项检测报告、危害或危险源防护措施设计文件、施工记录等材料。现场观察检查避让措施的实施情况。

检查数量：全数检查。

建筑选址选择已开发用地或废弃地时，应核查相关检测评估报告、环境影响评估报告、改造处理方案与施工记录。改造或改良后的场地应符合国家相关标准的要求。

检验方法：核查评估报告和相关记录。

检查数量：全数检查。

13.2 质量要点

采用可再生能源，地下水、地表水资源应符合设计要求，检查下列内容。

1. 太阳能利用方式的合理性；

2. 地热能资源可利用量和地热能对周围地表水和土壤的影响；

3. 风能利用对场地声环境的影响；

4. 利用地下水、地表水资源时，对地下水环境影响；

检验方法：观察检查；核查政府相关部门许可文件、资源调查评估文件、声环境的影响评估报告及相关技术资料。

检查数量：全数检查。

场地生态保护措施应符合设计要求，检查下列内容。

1. 场地与周边原有水系的关系；

2. 无污染地表土的回收利用；

3. 场地及周边原有生物的生存条件；

4. 场地原有植物资源的保护和利用。

检验方法：观察检查；核查环境影响评价报告、施工记录、生态保护补偿报告，现场核查生态保护和补偿情况。

检验数量：全数检查。

场地雨洪控制，雨水径流应符合下列要求。

1. 有调蓄雨水功能的绿地（下凹式绿地、雨水花园等）和水体的面积之和占绿地面积的比例应符合设计要求；

2. 屋面雨水、道路雨水与地面生态设施的衔接应符合设计要求；

3. 采取径流污染控制措施。

检验方法：现场观察检查雨水径流途径及污染控制措施的实施情况；核查调蓄雨水功能用地面积所占绿地比例的设计文件。

检验数量：全数检查。

核查住宅建筑人均居住用地指标、公共建筑容积率、地下空间开发利用对应指标应符合设计要求。

检验方法：对照建筑总平面图、地下各层平面图，地下空间利用计算书，现场观察检查地下空间的利用情况；核查人均居住用地指标计算书。

检查数量：全数检查。

场地绿地率应符合下列要求。

1. 居住建筑住区绿地率与人均公共绿地面积应达到设计要求；

2. 公共建筑绿地率应达到设计要求。

检验方法：对照住区规划图或建筑总平面施工图，现场观察检查绿化用地情况。

检验数量：全数检查。

场地内垃圾收集处理场所的位置和防污染设施的位置应符合设计要求。

检验方法：观察检查；核查项目场地垃圾收集处理系统设计方案。

检查数量：全数检查。

场地综合管线布置应符合设计要求。

检验方法：检查场地管线是否和城市市政管网相衔接，对于一次不能到位的情况，应检查是否预留了埋设位置。对照设计观察检查。

检验数量：全数检查。

居住空间冬季日照时数应符合设计要求。

检验方法：核查日照分析报告。

检验数量：全数检查。

场地和道路的照明设计和地面反射光的眩光限值应符合设计要求。

检验方法：现场观察检查室外照明设备安装情况、照明效果；核查相关检测报告。

检验数量：全数检查。

建筑立面采用玻璃幕墙时，玻璃幕墙的反射比应符合设计要求。

检验方法：核查玻璃幕墙反射比检测报告。

检验数量：全数检查。

固定噪声源的隔声、降噪措施应符合设计及施工工艺要求。

检验方法：现场观察检查降低噪声的措施实施情况；布置测点现场检测；核查环境影响评估报告，住区环境降噪措施设计文件，施工记录等材料，查阅环境噪声现场测试报告。

检验数量：全数检查。

13.3 质量标准

场地及周边的公共服务设施配置应符合设计要求，检查下列内容：

1. 居住建筑：

（1）场地出入口到达幼儿园、小学、商业服务设施的步行距离；

（2）场地 1000m 半径范围内公共服务设施的种类数量。

2. 公共建筑：

（1）兼容的公共服务功能种类数量；

（2）配套辅助设施设备的使用；

（3）公共空间的开放应符合设计要求；

（4）室外活动场地的开放应符合设计要求。

检验方法：现场观察，对照住区规划图或建筑总平面图，现场观察检查公共服务配套设施的建设及分布情况；核查建设工程规划许可证、规划验收证明材料及相关证明材料、复核设计文件。

检查数量：全数检查。

场地交通设计应符合设计要求，检查下列内容：

1. 场地出入口到达公共汽车站的步行距离或到达轨道交通站的步行距离；

2. 场地周围的公共交通站点（含公共汽车站和轨道交通站）及公交线路数量；

3. 地面停车比例；

4. 残疾人专车停车位置；

5. 步行道系统的设计；

6. 人行通道的设计。

检验方法：现场观察检查场地交通情况、停车设施及停车方式；核查规划图或建筑总平面施工图，地面停车率计算书，机动车及自行车停车设施质量证明文件。

检查数量：全数检查。

停车设施的位置、设置及地面停车位的设计应符合设计要求。

检验方法：观察检查地面停车位置、机动车停车设施；对照规划图或建筑总平面施工图核查停车库设计，核查停车场（库）的开放时间表。

检查数量：全数检查。

本章适用于绿色建筑节地与室外环境工程施工质量验收，包括场地规划、资源与生态环境、位置与交通、室外环境验收。

场地选址应通过政策、危险源及环境质量调查，满足相关政策要求，确定危险源并明确相关环境质量指标。当相关指标不符合国家现行标准或要求时，应采取相应措施，并对措施的可操作性和实施效果进行评估。当场地选择不能避开上述安全隐患时，应检查场地对可能产生的自然灾害或次生灾害有充分的抵御能力的措施证明文件。建筑物场地内不应存在未达标排放或者超标排放的气态、液态或固态的污染源（例如易产生噪声的运动和营业场所、油烟未达标排放的厨房、煤气或工业废气超标排放的锅炉房、污染物排放超标的垃圾堆等），以达到 GB/T 50378《绿色建筑评价标准》控制项的要求。若有污染源，应积极采取相应的治理措施，并达到无超标污染物排放的要求。

选择原有的工业用地、垃圾填埋场等可能存在健康安全隐患的场地时，核查土壤化学污染检测与再利用评估报告。

选择盐碱地时，核查盐碱度检测与改良评估报告、改造处理方案与施工记录。

选择废弃地时，核查场地及周边地区环境影响评估和全寿命期成本评价相关文件、改造处理方案与施工记录。

生物资源包括动物资源、植物资源、微生物资源和生态湿地资源。场地规划应因地制宜，与周边自然环境建立有机共生关系，保持或提升场地及周边地区的生物多样性指标。

雨洪控制利用是生态景观设计的重要内容，即充分利用河道、景观水体和绿化空间的容纳功能，通过场地竖向设计和不同季节的水位控制，减少市政雨洪排放压力，也为雨水利用、雨水渗透地下提供可能。另外，通过充分利用开放的绿地空间滞蓄、渗透和净化雨水，可提高土地利用效率。

绿地率指建设项目用地范围内各类绿地面积的总和占该项目总用地面积的比率，包括建设项目用地中各类用作绿化的用地。

13.4 安全环保

在运动场地和道路照明的灯具选配时，应分析所选用的灯具的光强分布曲线，确定灯具的瞄准角（投射角、仰角），控制灯具直接射向空中的光线及数量。建筑物立面采用泛光照明时，应考核所选用灯具的配光是否合适、设置位置是否合理、投射角度是否正确，预测有多少光线溢出建筑物范围以外，还应考核建筑物立面照明所选用的标准是否合适。场地和道路照明设计中，所选用的路灯和投光灯的配光、挡光板设置、灯具的安装高度、设置位置、投光角度等都可能会对周围居住建筑窗户上的垂直照度产生眩光影响，需要通过分析研究确定。

当拟建噪声敏感建筑不能避开临近交通干线，或不能远离固定的设备噪声源时，应采取措施来降低噪声干扰。声屏障是指在声源与接收者之间插入的一个设施，使声波的传播有一个显著的附加衰减，从而减弱接收者所在一定区域内的噪声影响。声屏障主要用于高速公路、高架桥道路、城市轻轨地铁以及铁路等交通市政设施中的降噪处理，也可用于工矿企业和大型冷却设备等噪声源的降噪处理。采用声屏障时，应保证建筑处于声屏障有效屏蔽范围内。

住区配套公共服务设施（也称配套公建）应包括教育、医疗卫生、文化体育、商业服务、金融邮电、社区服务、市政公用和行政管理等八类设施。住区配套公共服务设施，是满足居民基本的物质与精神生活所需的设施，也是保证居民居住生活品质不可缺少的重要组成部分。居民步行5～10min可以到达，将大大减少机动车出行需求，有利于节约能源、保护环境。

交通规划设计应遵循环保原则。道路系统应分等级规划，避免越级连接，应保证等级最高的道路与区域交通网络联系便捷。建设用地周围应至少有一条公共交通线路与城市中心区或其他主要交通换乘站直接联系。规划建设用地内应设置便捷的停车设施（包括自行车及汽车停放场地），停车设施的设置规则和配建标准应按《浙江省城市规划管理技术规定（2011年版）》相关规定执行。场地内的道路、广场和停车场设计，应根据GB 50763《无障碍设计规范》的相关要求进行检验。

14 景观环境工程

14.1 施工要点

本章适用于绿色建筑景观环境工程施工质量要求。

景观环境工程验收的检验批划分应按本规程的规定执行。

景观环境工程的主要原材料、成品、半成品、配件、器具和设备必须具有质量合格证明文件，规格型号及性能检测报告，应符合国家现行技术标准及设计要求。施工单位应依据合同约定，对景观环境工程进行施工和管理。

分项工程检验批验收应符合下列规定：

1. 主控项目的质量抽样检验应全数合格；

2. 一般项目的质量抽样检验，除有特殊要求外，计数合格率不应小于80%，且不得有严重缺陷。

14.2 质量要点

景观工程所采用的植物种类、品种名称、规格应符合设计要求。

检验方法：核查相关验收资料；核查植物订购合同或苗木出圃证明；现场观察、检查苗木选择与种植情况。

检查数量：全数检查。

景观工程植物的配置与种植应符合设计要求。

检验方法：核查相关验收资料；核查现场观察检查苗木选择与种植情况。

检查数量：全数检查。

栽植基础严禁使用含有害成分的土壤，除有设施空间绿化等特殊隔离地带，绿化栽植土壤有效土层下不得有不适水层。

检验方法：观察检查、核查隐蔽性工程验收记录。

检查数量：全数检查。

严禁使用带有严重病虫害的植物材料，非检疫对象的病虫害危害程度或危害痕迹应符合设计要求。自外省市及国外引进的植物材料应有植物检疫证。

检验方法：观察、检查现场植物材料。

检查数量：全数检查。

景观工程植物绿化施工完毕后，绿化覆盖率、配植乔木数量、树木栽植成活率、遮阴率等参数应符合设计要求。

检验方法：观察、尺量检查；技术资料和检测报告等文件与实物核对。

检查数量：全数核查。

设施顶面绿化栽植基层（盘）应有良好的防水排灌系统，防水层不得渗漏。

检验方法：现场核查；核查技术资料、验收资料。

检查数量：全数检查。

景观场地（室外活动场地、室外停车场、景观道路）应满足设计要求和相关标准规定。

检验方法：现场核查；核查技术资料、验收资料。

检查数量：全数检查。

14.3 质量标准

景观环境功能性检查应符合下列规定：

1. 景观植物改善场地噪声措施符合设计要求；

2. 景观植物提高场地光环境质量措施符合设计要求；

3. 景观植物优化场地热环境措施符合设计要求；

4. 景观植物进行遮护、围挡或美化措施符合设计要求。

检验方法：现场观察；核查技术资料。

检查数量：全数检查。

景观水景的措施应符合下列规定：

1. 场地水景利用原有水景资源的措施；

2. 采用雨水收集系统的水景补水措施；

3. 人工水景应有季节变化和枯水期的调节措施。

检验方法：现场观察；核查技术资料。

检查数量：全数检查。

景观照明的措施应符合下列规定：

1. 限制光污染措施；

2. 景观照明应具有节能控制措施。

检验方法：现场观察；核查技术资料。

检查数量：全数检查。

植物材料的质量直接影响景观效果，其品种规格必须符合设计要求，是工程质量控制的关键。植物材料的质量直接影响景观效果，其品种规格必须符合设计要求，是工程质量控制的关键。儿童游乐场应采用开敞式设计，与住宅和车行道路保持适当距离，儿童游乐设施应选用环保材料。

非检疫对象的病虫害危害程度或危害痕迹不得超过树体的5%～10%。植物材料带有病虫害影响苗木质量，易引起扩散，为防止危险病虫害的传入，必须对国外及外省市的苗木进行检疫，有检疫证明。

绿化用地内绿化覆盖率应大于70%；居住建筑绿地每100m^2配植乔木数量不应少于3株；屋顶绿化面积应大于屋顶可绿化面积的30%；树木栽植成活率不应低于95%；名贵树木栽植成活率应达到100%。室外机动车停车场遮阴率不应小于20%。景观主干道路的乔木遮阴率应达到50%，步行道和自行车道林荫率不小于60%。

14.4 安全环保

设施顶面栽植基层包括耐根穿刺防水层、排蓄水层、过滤层、栽植土层。耐根穿刺防水层不能渗漏，确保设施使用功能。排蓄水层、过滤层使栽植土层透气保水，保证植物能正常生长。

1. 核查地面及屋面铺设材料产品质量证明文件及性能检测报告；

2. 现场观察检查绿地、遮阴措施、地面和屋面铺设材料设置情况；

3. 核查相关验收资料。

地面工程基层、面层所用材料的品种、质量、规格，各结构层纵横向坡度、厚度、标高和平整度应符合设计要求。面层与基层的结合（粘结）必须牢固，不得空鼓、松动，面层不得积水。施工完成后符合下列规定：室外活动场地透水铺装垫层应造做法符合设计要求，硬质铺装地面中透水铺装率不应小于50%。室外机动车停车场植草砖做透水地面时，镂空面积比不应低于40%。70%以上的景观道路路面的太阳辐射反射系数不低于0.4。

15　可再生能源系统

15.1　施工要点

本节适用于太阳能热水系统、太阳能光伏系统和地源热泵系统工程施工质量要求。

太阳能热水系统、太阳能光伏系统和地源热泵系统可根据施工安装特点按系统进行，并应符合本规程相关条款的规定。

分项工程检验批验收应符合下列规定：

1. 主控项目的质量抽样检验应全数合格；

2. 一般项目的质量抽样检验，除有特殊要求外，计数合格率不应小于 80%，且不得有严重缺陷。

15.2　质量要点

15.2.1　太阳能热水系统

1. 集热器的安装应符合下列规定。

（1）集热器必须具有中文质量合格证明文件及有效期内的型式检验报告，报告应符合国家技术标准或设计要求。

检查方法：对照实物核对质量保证书、检测报告、型式检验报告。对照设计要求，现场试压检查。

检查数量：全数检查。

（2）集热器连接完毕，应进行检漏试验，检漏试验应符合设计要求或符合 GB 50242《建筑给水排水及采暖工程施工质量验收规范》的规定。

检查方法：观察检查。

检查数量：全数检查。

（3）集热器应与建筑主体结构或集热器支架牢靠固定，防止滑脱。预埋式集热器基础做法应符合设计规定，其预埋件应与结构层钢筋相连。对于安装在框架、悬空建筑、外墙立面、阳台栏板、坡屋面上的集热器应设置防护网、罩等安全防坠落措施。

检查方法：对照设计图纸，观察、手扳检查。

检查数量：抽查不少于10%，且不少于5处。

（4）住宅工程中太阳能热水系统应与建筑物同步设计，同步施工。有效集热面积不应小于 1.8m^2。

检查方法：观测、尺量检查。

检查数量：抽查不少于5%，且不少于1处。

2. 集热循环水箱及贮热水箱的安装应符合下列规定。

（1）集热循环水箱及贮热水箱质量合格证明报告应符合国家技术标准或设计要求。

检查方法：对照实物核对质量保证书、产品检测报告。

检查数量：全数检查。

（2）集热循环水箱及贮热水箱，应按设计要求定位，并在基础上与底座固定牢靠。

检查方法：观察、手扳检查。

检查数量：抽查不少于10%，且不少于5处。

（3）集热循环水箱及贮热水箱，应进行检漏试验，试验方法应符合 GB 50242《建筑给水排水及采暖工程施工质量验收规范》的规定。

检查方法：现场试压检查。

检查数量：全数检查。

（4）温度传感器的安装应符合设计要求。

检查方法：观察检查。

检查数量：抽查不少于10%，且不少于2处。

（5）集热循环水箱及贮热水箱的各接管管径、位置应符合设计规定。

检查方法：对照设计图纸、观察检查。

检查数量：抽查不少于10%，且不少于2处。

（6）钢板焊接的贮热水箱，水箱内外壁均应按设计要求做防腐处理。内壁防腐材料应卫生、无毒，且能承受所贮存热水的最高温度。

检查方法：核查检验报告，观察检查。

检查数量：抽查不少于10%，且不少于2处。

3. 管道安装和试压的安装应符合下列规定。

（1）承压管道系统应做水压试验；非承压管道系统应做灌水试验。试验应符合设计要求和GB 50242《建筑给水排水及采暖工程施工质量验收规范》的规定。

检查方法：观察检查。

检查数量：全数检查。

（2）热水管穿越墙体、楼板等的套管空隙应用玻璃棉、复合硅胶制品等不燃烧材料填实。

检查方法：观察检查。

检查数量：抽查不少于10%，且不少于2处。

4. 系统调试检查的安装应符合下列规定。

太阳能热水系统运行正常后，应对太阳能热水系统进行系统性能调试和检测，并且应符合设计和 DB11/T 461—2010《民用建筑太阳能热水系统应用技术规程》的规定。

检查方法：观察检查。

检查数量：抽查不少于 10%，且不少于 5 处。

15.2.2　太阳能光伏系统

1. 太阳能光伏系统的安装应符合下列规定。

(1) 太阳能光伏系统的安装方位、倾角、支撑结构等，应符合设计要求；

(2) 光伏组件、汇流箱、电缆、逆变器、充放电控制器、储能蓄电池、电网接入单元、主控和监视系统、触电保护和接地、配电设备及配件等应按照设计要求安装齐全，不得随意增减、合并和替换。

(3) 配电设备和控制设备安装位置等应符合设计要求，并便于观察、操作和调试。逆变器应有足够的散热空间并保证良好的通风。

(4) 电气设备的外观、结构、标识和安全性应符合设计要求。

检查方法：观察检查；核查质量证明文件和相关技术资料。

检查数量：全数检查。

2. 光伏组件的光电转换效率应符合设计文件的规定。

检查方法：光电转换效率使用测试仪现场检测，测试参数包括室外环境平均温度、平均风速、太阳辐照强度、电压、电流、发电功率、采光面积，其余项目为观察检查。

检查数量：当太阳能光伏系统的太阳能电池组件类型相同，且系统装机容量偏差在 10%以内时，视为同一类型光伏系统。同一类型太阳能光伏系统被测试数量为该类型系统总数量的5%，且不得少于1套。

3. 太阳能光伏系统应具备下列功能。

（1）测量显示功能；

（2）数据存储与传输功能；

（3）交（直）流配电设备保护功能。

检查方法：观察检查。

检查数量：全数检查。

4. 太阳能光伏系统的试运行与测试应符合下列规定。

（1）电气设备的应符合GB/T 16895.21—2011《建筑物电气装置第4-41部分：安全防护电击防护》的要求；

（2）保护装置和等电位体的测试应合格；

（3）极性测试应合格；

（4）光伏组串电流和试运转应合格；

（5）功能测试应合格；

（6）光伏方阵绝缘阻值测试应合格；

（7）光伏方阵标称功率测试应合格；

（8）电能质量的测试应合格；

（9）系统电气效率测试应合格。

检查方法：观察检查，并采用万用表、光照测试仪等专业测试设备进行现场实测。

检查数量：根据项目类型，抽取不少于每个类型2个点进行检查。

15.2.3 地源热泵换热系统

1. 地源热泵换热系统工程所采用的管材、管件、水泵、阀门、仪表、绝热材料等应进行进场验收与核查，验收与核查的结果应经监理工程师（建设单位代表）检查认可，并应形成相应的验收与核查记录。各种材料和设备的质量证明文件和相关技术资料应齐全，并应符合现行有关标准和规定。

检验方法：检查进场验收记录与核查记录等质量证明文件和相关技术资料。

检查数量：全数检查。

2. 地源热泵地埋管换热系统应进行水压试验，水压试验应合格。

检验方法：核查水压试验记录。

检查数量：全数检查。

3. 地源热泵换热系统节能工程的地埋管材及管件、绝热材料进场时，应对其下列技术性能参数进行复检，复检应为见证取样送检。

（1）地埋管材及管件的导热系数、公称压力及使用温度等参数；

（2）绝热材料的导热系数、密度、吸水率。

检验方法：现场随机抽样送检；核查复验报告。

检查数量：每批次地埋管材进场取 1～2m 进行见证取样送检；每批次管件进场按其数量的 1%进行见证取样送检；同一厂家、同材质的绝热材料见证取样送检的次数不得少于 2 次。

4. 地源热泵换热系统应随施工进度相关的隐蔽部位或内容进行验收，并应有详细的文字记录和必要的图像资料，包括下列内容。

（1）在连接中间分、集水器的地埋管环路接管或水平环路集管处设关断阀。

（2）窗井内的管道、阀门、分集水器应有可靠的保温措施，窗井内应设集水井及排水装置。

（3）地埋管换热系统应有排气、定压、膨胀、自动补水装置。

(4) 进入地埋管换热系统的介质应经可靠的过滤处理。

(5) 各地埋管换热系统间应有可靠的水力平衡措施。

(6) 换热系统采用的金属管道内壁应有防锈蚀特性。

检验方法：观察检查；核查隐蔽工程验收记录。

检查数量：全数检查。

5. 地源热泵地埋管换热系统的安装应符合下列规定。

(1) 钻孔和水平埋管的相关参数应符合设计要求。

(2) 回填料及配比应符合设计要求，回填应密实。

(3) 各环路流量应平衡，且应满足设计要求。

(4) 循环水流量及进出水温差均应符合设计要求。

(5) 地埋管内换热介质、防冻剂类型、浓度及有效期应在充注阀处注明。

检验方法：观察检查；核查相关检验与试验报告。通过观察检查管道上的标注尺寸或利用铅坠和鱼线采用悬吊法检测下管长度；核查单孔回填材料数量；核查相关资料、文件、进场验收记录及检测与复验报告。

检查数量：钻孔深度、垂直地埋管长度及回填密实度按钻孔数量的 2% 抽检，且不得少于 2 个；其他内容全数检查。

6. 地源热泵地埋管换热系统管道的连接应符合下列规定。

(1) 采用热熔或电熔连接，并应符合现行标准的有关规定。

(2) 竖直地埋管换热器的 U 形弯管接头应选用定型产品。

(3) 竖直地埋管换热器 U 形管的组对应能满足有关现

行标准规定的要求。

（4）U形管的两开口端部应及时密封。

检验方法：观察检查；核查隐蔽工程验收记录。

检查数量：全数检查。

7. 地源热泵地表水换热系统施工前应具备地表水换热系统勘察资料、设计文件和施工图纸。地源热泵地表水换热系统的施工应符合下列规定。

（1）换热盘管的相关参数应符合设计要求。

（2）各环路流量应平衡且满足设计要求。

（3）循环水流量及进出水温差均应符合设计要求。

检验方法：观察检查；核查相关资料、文件、验收记录（隐蔽工程）及检测报告。

检查数量：全数检查。

8. 地源热泵海水换热系统施工前应具备当地海域的水文条件、设计文件和施工图纸。海水换热系统的施工应符合下列规定。

（1）管材、管件等应具有产品合格证和性能检验报告。

（2）换热器、过滤器等设备的安装应符合设计要求。

（3）与海水接触的所有设备、部件及管道应具有防腐、防生物附着的能力。

（4）取水口与排水口设置应符合设计要求，并应保证取水外网的布置不影响该区域的海洋景观或船只等的航线。

检验方法：观察检查；核查相关资料、文件、验收记录（隐蔽工程）及检测报告。

检查数量：全数检查。

9. 地源热泵污水换热系统施工前应对项目所用污水的水质、水温及水量进行测定，具备相应设计文件和施工图纸。污水换热系统的施工应符合下列规定。

（1）换热器、过滤及防阻设备的安装应满足设计要求。

（2）管材、管件等应具有产品合格证和性能检验报告。

（3）换热盘管的长度、布置方式及管沟设置应符合设计要求。

（4）污水换热器各环路流量应平衡，且应满足设计要求。

（5）换热器循环水流量及进出水温差应符合设计要求。

检验方法：观察检查；核查相关资料、文件及检测报告。

检查数量：全数检查。

10. 地源热泵换热系统安装完毕后应进行系统整体运转与调试，其结果应符合设计要求。

检验方法：检查系统整体运转与调试记录。

检查数量：全数检查。

15.3 质量标准

15.3.1 太阳能热水系统

1. 集热器

（1）太阳能集热器的朝向、倾角及其前后左右距离，应符合设计要求。

检查方法：观察检查。

检查数量：检查不少于10%，且不少于2处。

（2）由集热器上、下集管接往热水箱的循环管道，设计的坡度应符合设计要求。

检查方法：尺量检查。

检查数量：检查不少于10%，且不少于2处。

(3) 凡以水作介质的太阳能集热器应有防冻、防过热保护装置。

检查方法：观察检查。

检查数量：检查不少于10%，且不少于2处。

(4) 集热器之间的连接应按照设计规定的连接方法连接，且密封可靠，无泄漏，无扭曲变形。

检查方法：观察检查。

检查数量：检查不少于10%，且不少于2处。

2. 集热循环水箱及贮热水箱

(1) 自然循环系统的贮热水箱底部与集热器上部之间的距离不应小于0.3m。

检查方法：观察、尺量检查。

检查数量：检查不少于10%，且不少于2处

(2) 集热循环水箱、贮热水箱及管道应符合设计要求和GB 50185《工业设备及管道绝热工程施工质量验收规范》的规定。

检查方法：对照设计图纸，做针刺法检查。

检查数量：检查不少于10%，且不少于5处。

(3) 压力表、温度计、温度传感器，应安装在便于观察、操作的地方；排气阀应安装在最高处、放空阀应安装在最低处且容易操作的地方。

检查方法：观察检查。

检查数量：检查不少于10%，且不少于2处。

3. 冷热水系统管道

(1) 管道保温材质及厚度应符合设计及相关标准的要求，保温材料应与管道或设备外壁紧密相贴，铺设应平整。

管道转角、三通、阀门等位置的保温层不应留有缝隙。管道采用柔性连接的位置，保温层也应采用柔性保温材料制作，且保温层应连续。保温层的外表面应作保护层。

检查方法：做针刺法检查。

检查数量：检查不少于10%，且不少于5处。

(2) 管道安装坡度应符合设计要求。

检查方法：观察、分度仪测量检查。

检查数量：检查不少于10%，且不少于2处。

(3) 管道支、吊、排架的安装，应符合设计及相关标准的要求。

检查方法：观察、尺量检查。

检查数量：检查不少于10%，且不少于2处。

15.3.2 太阳能光伏系统

1. 太阳能光伏系统建筑工程采用的光伏组件、汇流箱、电缆、逆变器、充放电控制器、储能蓄电池、电网接入单元、主控和监视系统、触电保护和接地、配电设备及配件等进场时，应按设计要求对其类型、材质、规格及外观等进行验收，并应经监理工程师（建设单位代表）检查认可，且应形成相应的验收记录。

检查方法：观察检查；核查质量证明文件和相关技术资料。

检查数量：全数检查。

2. 太阳能光伏系统安装完成后应按设计要求或相关规定完整标识。

检查方法：观察检查。

检查数量：全数检查。

15.3.3 地源热泵系统

1. 地源热泵地埋管换热系统的水平干管管沟开挖及管

沟回填应符合下列规定。

（1）水平干管管沟开挖应保证0.002的坡度。

（2）水平管沟回填料应保证与管道接触紧密，并不得损伤管道。

（3）水平地埋管换热器最上层埋管顶部应在冻土层以下0.4m。

（4）竖直地埋管换热器埋管的水平环路集管应在冻土层以下0.6m。

（5）竖直地埋管环路供、回水环路集管的间距不应小于0.6m。

（6）水平地埋管换热器沟槽底部应铺设相当于管径厚度的细沙，管道不应有折断、扭结等问题，转弯处应光滑，且应采取固定措施。

检验方法：观察检查；核查隐蔽工程验收记录。

检查数量：全数检查。

2. 闭式地表水换热系统应符合下列规定。

（1）闭式地表水换热器底部与水体底部的距离不小于0.2m，与水面的距离不小于3m。

（2）地表水换热系统供回水集管水中间距不小于1.5m，直埋间距不小于1.0m。

（3）闭式地表水换热系统应有排气、定压、膨胀、自动补水装置，补水管宜设计量水表与漏水报警装置。

（4）进入地表水换热系统的介质应经可靠的过滤处理。

检验方法：观察、核查隐蔽工程验收记录。

检查数量：全数检查。

3. 污水换热系统应符合下列规定。

（1）壳管式换热器污水应走管程，中间换热介质或制冷剂应走壳程。

（2）原生污水取水口应有过滤与防淤、清淤措施。

（3）污水过滤器、热交换器污水侧进出水管应设置压力表。

检验方法：观察、核查隐蔽工程验收记录。

检查数量：全数检查。

4. 太阳能光伏系统工程采用的光伏组件、汇流箱、电缆、并网逆变器、配电设备等进场时，应按设计要求对其类型、材质、规格及外观等进行验收，并应经监理工程师（建设单位代表）检查认可，且形成相应的验收记录。各种产品和设备的质量证明文件和相关技术资料应齐全，并应符合国家现行有关标准的规定。

5. 太阳能光伏系统的电气设备的测试应符合 GB/T 16895.21—2011《低压电气装置　第 4-41 部分：安全防护　电击防护》、DL/T 5044—2014《电力工程直流电源系统设计技术规程》和 GB/T 19064《家用太阳能光伏电源系统技术条件和试验方法》的相关要求并测试合格。

6. 应按设计要求对地源热泵换热系统工程使用管材、管件、水泵、阀门、仪表及绝热材料等产品的类型、材质、规格及外观等进行进场验收与核查，并应形成相应的验收记录。

7. 地源热泵换热系统进行水压试验按照 GB 50366—2005《地源热泵系统工程技术规范》的有关规定执行，水压试验应合格。

8. 地埋管及管件与建筑同生命周期，回填之后埋管和管件不能进行修复和更换，因此，埋管及管件的质量直接影响地源热泵系统的寿命。为确保安装后能够达到安全运行标准，应采用化学稳定性好、耐腐蚀、导热系数大、流动阻力小的塑料管材及管件，管材与管件应为同厂家相同材料。

9. 连接中间分、集水器的地埋管环路接管或水平环路集管，应在近分、集水器处设关断阀；并且宜在集水器近处设平衡调节阀。窗井内的管道、阀门、分集水器保温措施可靠，避免冻裂和热损失过多。地埋管换热系统应根据设计文件的要求，在规定的位置安装排气、定压、膨胀、自动补水装置，对补水量进行专项计量，进入地埋管换热系统的介质应有过滤装置。地埋管换热系统结合热泵机组与循环水泵的数量分设若干系统的，各系统间应有可靠的水力平衡措施。

10. 钻孔和水平埋管的位置与深度、钻孔数量、地埋管的材质、管径、厚度及长度，均应符合设计要求。回填材料对传热过程是有影响的。回填是土壤换热器施工过程中的重要环节，它介于换热器的埋管与钻井壁之间，是土壤与U形管之间交换热量的桥梁，用来增强埋管和周围土壤的换热。

11. 埋地管道应采用热熔或电熔连接，并应符合国家现行标准CJJ 101《埋地塑料给水管道工程技术规程》及相关标准的规定。竖直地埋管换热器的U形弯管接头，应选用定型的U形弯头成品件或利用成品弯头热熔对焊制作，不应采用直管道煨制弯头。竖直地埋管换热器U形管的组对应能满足插入钻孔后与环路集管连接的要求，组对好的U形管的两开口端部应及时密封，避免泥沙流入关内，沉积埋管底部，堵塞管道。

12. 换热盘管的材质、直径、厚度及长度，布置方式及管沟设置，均应符合设计要求。

15.4 安全环保

当地表水体为海水时，海水换热系统施工前应具备当地海域的水文条件、设计文件和施工图纸。海水换热系统的施工应符合下列规定。

（1）换热器、过滤器等设备的安装应符合设计要求；

（2）与海水接触的所有设备、部件及管道应具有防腐、防生物附着的能力；

（3）取水口与排水口设置应符合设计要求，并应保证取水外网的布置不影响该区域的海洋景观或船只等的航线。参考 GB 50411《建筑节能工程施工质量验收规范》报批稿第 14.2.8 条。

太阳能光伏系统应有监测采集发电量、数据存储与传输、交（直）流配电设备保护功能，同时系统应有完整的标签与标识。

16 现场检测

16.1 一般规定

绿色建筑工程施工质量现场检测应包括以下内容：

（1）节能与能源利用；

（2）室内环境质量；

（3）可再生能源利用；

（4）节水与水资源利用；

（5）节材与材料资源利用；

（6）节地与室外环境。

绿色建筑围护结构完工后，应对围护结构的外墙节能构造和外窗气密性进行现场实体检验。

绿色建筑供暖、通风与空调、配电与照明工程安装完成后，应进行系统节能性能的检测，受季节影响未进行的节能性能检测的项目，应在保修期内补做。

绿色建筑室内装饰装修工程安装完成后，应对室内环境质量进行测评。

绿色建筑供暖、通风与空调、配电与照明、给水排水、建筑室内装饰装修工程安装完成后，应进行民用建筑能效测评。

绿色建筑室外景观环境工程完成后，应对室外环境进行测评。

16.2 主控项目

16.2.1 节能与能源利用

1. 外墙节能构造和外窗气密性应进行现场实体检测，检验的外围护结构传热系数和外窗气密性结果应符合节能设计及现行有关标准的规定。

2. 外墙节能构造和外窗气密性的现场实体检验，其抽样数量可以在合同中约定，合同中约定的抽样数量不应低于本规范的要求。当无合同约定时应按照下列规定抽样。

(1) 每个单位工程的外墙至少抽查 3 处，每处一个检查点；当 1 个单位工程外墙有 2 种以上节能保温做法时，每种节能做法的外墙应抽查不少于 3 处。

(2) 每个单位工程的外窗至少抽查 3 樘。当 1 个单位工程外窗有 2 种以上品种、类型和开启方式时，每种品种、类型和开启方式的外窗应抽查不少于 3 樘。

3. 当外墙节能构造或外窗气密性现场实体检验出现不符合设计要求和标准规定的情况时，应扩大一倍数量抽样，对不符合要求的项目或参数再次检验，仍然不符合要求时应给出“不符合设计要求”的结论。

(1) 对于不符合设计要求的围护结构节能构造应查找原因，对因此造成的对建筑节能的影响程度进行计算或评估，采取技术措施予以弥补或消除后重新进行检测，合格后方可通过验收。

(2) 对于建筑外窗气密性不符合设计要求和国家现行标准规定的，应查找原因并进行修理，使其达到要求后重新进行检测，合格后方可通过验收。

4. 非透光围护结构热工性能（包括传热系数、热桥部位内表面温度、隔热性能和热工缺陷）应进行现场检测，检验结果应符合节能设计及现行有关标准的规定。当无合同约定时应按照下列规定抽样。

（1）传热系数现场检测：每个单位工程的外墙至少抽查3处，每处1个检查点；当1个单位工程外墙有2种以上节能保温做法时，每种节能做法的外墙应抽查不少于3处。

（2）热桥部位内表面温度现场检测：每个建筑单体选取具有代表性的房间，抽检量不少于房间总数的5%，且不少于3间；当房间总数少于3间时，应全数检测。具有代表性的房间指的是出现热桥部位温度最低的房间。

（3）隔热性能（外墙内表面最高温度）现场检测：每个单位工程的外墙至少抽查3处，屋面和东、西外墙每处各1个检查点；当1个单位工程外墙有2种以上节能保温做法时，每种节能做法的外墙应抽查不少于3处；每处检查点应是内表面最高温度、最不利处。

（4）热工缺陷检测时，采用红外热像仪进行检测，受检表面同1个部位的红外热像图不应少于2张。当拍摄的红外热像图中，主体区域过小时，应单独拍摄1张以上（含1张）主体部位红外热像图。

5. 透光围护结构热工性能（包括传热系数、遮阳系数、可见光透射比、中空玻璃露点和隔热性能）应进行现场检测，检验结果应符合设计及相关标准的要求。当无合同约定时应按照下列规定抽样。

（1）每个单位工程的透光围护结构至少抽查3处，每处1个检查点。

（2）当1个单位工程的透光围护结构外窗有2种以上品

种、类型和开启方式时，每种品种、类型和开启方式的外窗应抽查不少于 3 樘。

6. 供暖、通风与空调、配电与照明主要项目应进行节能性能检测，检验结果应符合设计及相关标准的要求。供暖、通风与空调、配电与照明节能性能检测的主要项目见表 16.1。当无合同约定时应按照下列规定抽样。

表 16.1　系统节能性能检测主要项目

序号	检测项目
1	室内温度
2	通风、空调（包括新风）系统的风量
3	各风口的风量
4	风机单位风量耗功率
5	空调机组的水流量
6	空调系统冷水、热水、冷却水的循环流量
7	输送能效比
8	耗电输热比
9	水力平衡度
10	室外管网热损失率
11	平均照度与照明功率密度

（1）室内温度现场检测：① 设有集中供暖空调系统的公共建筑，温度、湿度检测数量按照供暖空调系统分区进行选取。当系统形式不同时，每种系统形式均应检测。相同系统形式应按系统数量的 20％进行抽检，同 1 个系统检测数量不应少于总房间数量的 10％。② 未设置集中供暖空调系统的公共建筑，温度、相对湿度检测数量不应少于总房间的 10％。③ 居住建筑每户抽检卧室或起居室 1 间，其他按照

房间总数抽检10%。

（2）通风、空调（包括新风）系统的风量现场检测：1）通风与空气调节系统总风量检测数量按风管系统总数量抽检10%，且不得少于1个系统。2）新风量检测数量按新风系统总数量的20%抽检，不同风量的新风系统抽检不得少于1个系统。

（3）各风口的风量现场检测：风口风量检测按风管系统总数量的10%抽检，且不得少于1个系统中的全部风口。

（4）风机单位风量损耗功率应现场全数检测。

（5）空调系统的水流量现场检测：① 空调机组的水流量检测按系统总数量的10%抽检，且不得少于1个系统。② 空调水系统总水流量应全数检测。

（6）输送能效比、耗电输热比应现场全数检测。

（7）水力平衡度应现场全数检测。

（8）室外管网热损失率应现场全数检测。

（9）平均照度与照明功率密度现场检测：每个建筑单体选取具有代表性的房间，抽检量不少于房间总数的1%，且不少于1间；不同类型的房间或场所至少应抽检1间。

7. 当系统节能性能检测的项目出现不符合设计要求或标准规定的情况时，应扩大一倍数量抽样，对不符合要求的项目或参数再次检验，仍然不符合要求时应给出“不合格”的结论。

8. 绿色建筑供暖、通风与空调工程应包括供暖空调水系统性能、空调通风系统性能、锅炉热效率、空调余热回收效率等，检测结果应符合设计及相关标准的要求。当具备条件时，也可直接进行现场检验。

16.2.2 室内环境质量

1. 绿色建筑室内环境的检测应以单栋建筑为对象。对居住小区中的同类型建筑进行检测时，可抽取有代表性的单体建筑进行。抽检数量不得少于同类型建筑的10%，并不得少于1栋。

2. 建筑围护结构施工完成后，应对建筑物室内噪声、分户墙（房间之间）空气声隔声性能、楼板撞击声隔声性能进行现场检测，检测结果应符合设计及相关标准的要求。当检测数量无合同约定时应按照下列规定抽样。

（1）建筑物室内噪声检测：每个建筑单体选取具有代表性的房间，抽检量不少于房间总数的5%，且不少于3间；不同建筑类型的主要功能房间不得少于1间；当房间总数少于3间时，应全数检测。

（2）分户墙（房间之间）空气声隔声性能检测：每个建筑单体选取具有代表性的房间组，抽检量不少于房间组总数的1%，且不少于1房间组；不同功能类型的主要房间（客厅、卧室）不得少于1组。

（3）楼板撞击声隔声性能检测：每个建筑单体选取具有代表性的房间组，抽检量不少于房间组总数的1%，且不少于1房间组；不同门楼板类型的主要房间（客厅、卧室）不得少于1组。

3. 建筑围护结构施工完成后，建筑物室内空气中的氨、甲醛、苯、总挥发性有机物、氡等污染物浓度应进行检测，检测结果应符合设计及相关标准的要求。当检测数量无合同约定时应按照下列规定抽样。

（1）每个建筑单体选取具有代表性的房间，抽检量不少于房间总数的5%，且不少于3间；当房间总数少于3间时，应全数检测。

（2）绿色建筑工程验收时，凡进行了样板间室内环境污染物浓度检测且检测结果合格的，抽检量减半，但不少于3间。

4. 如有明确要求时，施工完成后应对建筑物室内可吸入颗粒物浓度（PM2.5、PM10等）进行现场检测，检测结果应符合设计及相关标准的要求。当检测数量无合同约定时应按照下列规定抽样检测。每个建筑单体选取具有代表性的房间，抽检量不少于房间总数的5%，且不少于3间；当房间总数少于3间时，应全数检测。

5. 建筑围护结构施工完成后，建筑物的采光系数和采光均匀度（顶部采光时）应进行现场实体检测，检测结果应符合设计及相关标准的要求。当检测数量无合同约定时应按照下列规定抽样检测。每个建筑单体选取具有代表性的房间，抽检量不少于房间总数的1%，且不少于1间；不同类型的房间或场所至少应抽测1间。

6. 绿色建筑自然通风效果应进行现场检测，检测结果应符合设计和相关标准的要求。当检测数量无合同约定时应按照下列规定抽样检测。

（1）对于检测拔风井自然通风效果时，不同尺寸的拔风井室内端和室外端自然通风风口风速、风口空气温度应分别检测，且不多于3种。

（2）对于检测无动力拔风帽自然通风效果时，不同尺寸的拔风帽应分别检测，且不多于3个。拔风帽总数少于3个时，应全数检测。

7. 建筑室内主要功能房间的温度、湿度应进行现场检测，检测结果应符合设计和相关标准的要求。当检测数量无合同约定时应按照下列规定抽样检测。

（1）设有集中供暖空调系统的公共建筑，温度、湿度检测数量按照供暖空调系统分区进行选取。当系统形式不同时，每种系统形式均应检测。相同系统形式应按系统数量的20％进行抽检，同一个系统检测数量不应少于总房间数量的10％。

（2）未设置集中供暖空调系统的公共建筑，温度、相对湿度检测数量不应少于总房间数量的10％。

（3）居住建筑每户抽检卧室或起居室1间，其他按照房间总数的10％抽检。

8. 公共建筑中的体育馆、多功能厅、接待大厅、大型会议室、剧场等其他有声学特性设计要求的房间，在施工完成后，应对声学特性进行检测。当检测数量无合同约定时应全数检测。

16.2.3 可再生能源利用

1. 太阳能热水系统完成并调试后应进行现场检测，现场检测结果应符合设计和相关标准的要求。检测项目包括全年集热系统得热量、太阳能保证率和系统集热效率。当检测数量无合同约定时应按照下列规定抽样检测。

（1）集中式系统，应全数检测。

（2）分散式，同类型总数的2％，且不得少于1套。

2. 太阳能光伏系统建设完成并调试后应进行现场检测，现场检测结果应符合设计和相关标准的要求。检测项目包括光伏系统年发电量和光电转换效率。当检测数量无合同约定时应全数检测。

3. 地源热泵系统建设完成并调试后应进行现场检测，现场检测结果应符合设计和相关标准的要求。检测项目包括系统能效比。当检测数量无合同约定时应全数检测。

16.2.4 节水与水资源利用

1. 完成给水排水工程建设并调试后，应进行节水器具节水效率的现场检测，并评估节水效率等级，检测节水器具的节水效率等级的结果应符合设计要求。

2. 绿色建筑给水排水系统的管道漏损和管网年漏损率应进行现场检测，检测结果应符合设计和相关标准规定的要求。当检测数量无合同约定时应按系统总数量抽检 10%，且不得少于 1 个系统。

3. 住宅、办公、商业、旅馆的非传统水源利用率应进行现场检测评估，检测非传统水源利用率是否符合设计要求。当检测数量无合同约定时应全数检测。

4. 景观和湿地环境等采用非传统水源时，应对水质进行现场检测，水质检测结果应符合设计和相关标准的规定要求。当检测数量无合同约定时应按系统总数量抽检 10%，且不得少于 1 个系统。

5. 采用非传统水源进行车辆清洗、厕所便器冲洗、道路清扫、消防、城市绿化、建筑施工杂用水时，应对水质进行现场检测，水质检测结果应符合设计和相关标准的规定要求。当检测数量无合同约定时应按系统总数量抽检 10%，且不得少于 1 个系统。

6. 绿色建筑有污水排放时，应对污水排放水质进行现场检测。污水排放水质检测结果应符合设计和相关标准的规定要求。检测项目包括 pH 值、化学需氧量、五日生化需氧量、氨氮、阴离子表面活性剂和色度等。当检测数量无合同约定时应按系统总数量抽检 10%，且不得少于 1 个系统。

16.2.5 节材与材料资源利用

绿色建筑材料施工现场半径 500km 范围以内生产的建筑材料质量占建筑材料总质量的比例应进行现场检测评估，检测评估结果应符合设计和相关标准的要求。当无合同约定时应全数检测。

16.2.6　节地与室外环境

绿色建筑的建筑环境包括建筑内环境和建筑外环境，当建筑主体建设完成后进行围护结构现场实体检验，建筑内各用能系统建设完成后进行系统节能性能检测，建筑室内装饰装修工程建设完成后进行室内环境检测，建筑室外景观环境工程建设完成后进行室外环境检测，这是层层递进的关系。

1. 绿色建筑室外空气质量宜进行现场检测，室外空气质量检测结果应符合设计和相关标准的规定要求。

2. 绿色建筑对室外光污染进行现场检测，夜景照明的光污染应符合现行行业标准 JGJ/T 163《城市夜景照明设计规范》中对光污染的限制。

3. 建筑周围环境噪声应进行现场检测，环境噪声检测结果应符合设计和相关标准的规定要求。当无合同约定时应全数检测。

4. 绿色建筑现场检测评估完成后，应对建筑物能源消耗量及建筑物用能系统效率等性能指标进行检测、计算和评估。

5. 外窗气密性的检测方法应依据现行有关标准的规定进行。

6. 供暖、通风与空调、配电与照明节能性能检测主要项目的检测方法应按现行有关标准规定进行。

7. 检测依据 DBJ 32/TJ 194—2015《绿色建筑室内环境检测技术标准》的规定进行。

8. GB/T 4959《厅堂扩声特性测量方法》对具体参数和检查数量作了明确的要求。当厅堂声学特性设计中明确参数指标和参照标准时，可按照设计要求的方法检测。检测项目包括：最大声级、传输频率特性、传声增益、稳态声场不均匀度、语言传输指数（STIPA）、总噪声级、混响时间等。

9. 太阳能热利用系统的检测方法应依据江苏省现行标准 DGJ32/TJ 170《太阳能热水系统建筑应用能效测评技术规程》。

太阳能热利用系统检测参数应为全年集热系统得热量。太阳能热利用系统检测前应进行核查。对已进行过可再生能源建筑应用工程评价的项目，可采信测评报告中全年集热系统得热量的数据结果。对未进行可再生能源建筑应用工程评价的项目或评价测评报告中未提供全年集热系统得热量数据结果的项目，应进行现场全年集热系统得热量的检测。

10. 太阳能光伏系统的检测方法应依据相关标准规定。

太阳能光伏系统检测参数应取光伏系统年发电量。太阳能光伏系统检测前应进行核查。对已进行过可再生能源建筑应用工程评价的项目，可采信测评报告中系统年发电量的数据结果；对未进行可再生能源建筑应用工程评价的项目或评价测评报告中未提供系统发电量数据结果的项目，应进行系统年发电量的检测。光伏系统光电转换效率应按现行标准短期测试的规定进行检测。

11. 地源热泵系统的检测方法应依据江苏省现行标准 DGJ32/TJ 171《地源热泵系统建筑应用能效测评技术规程》。

地源热泵系统检测参数应为系统制冷能效比、制热性能系数系统制冷能效比、制热性能系数检测前应进行核查。对已进行过可再生能源建筑应用工程评价的项目，可采信测评报告中系统制冷能效比、制热性能系数的数据结果；对未进行可再生能源建筑应用工程评价的项目或评价测评报告中未提供系统制冷能效比、制热性能系数数据结果的项目，应进行系数检测。

12. 检测方法应按现行国家标准 GB/T 18921《城市污水再生利用景观环境用水水质》要求。

13. 检测方法应按现行国家标准 GB/T 18920《城市污水再生利用城市杂用水水质》要求。

14. 检测方法应按现行国家标准 GB 8978《污水综合排放标准》要求。

15. 检测方法应依据现行国家标准 GB/T 50378《绿色建筑评标标准》中的规定。

16. 照度和亮度的检测方法应符合现行国家标准GB/T 5700《照明测量方法》的规定。建筑立面采用玻璃幕墙时，应核查玻璃幕墙的反射比的检测报告，检测方法应符合现行国家标准 GB 18091《玻璃幕墙光学性能》的规定。

17. 建筑声环境的检测方法应按现行国家标准 GB 3096《声环境质量标准》。

17 质量验收

绿色建筑工程检验批应由专业监理工程师组织施工单位项目专业质量员、专业工长等进行验收。

绿色建筑分项工程应由专业监理工程师组织施工单位项目专业技术负责人等进行验收。

绿色建筑分部工程应由总监理工程师（建设单位项目负责人）组织设计单位项目负责人，施工单位技术、质量部门负责人进行验收。

绿色建筑分部工程的质量验收，应在各检验批、分项工程全部验收合格的基础上，进行外墙节能构造、外窗气密性现场实体检验和设备系统节能性能检测、能效测评，确认绿色建筑工程质量达到验收条件后方可进行。

绿色建筑工程的检验批质量验收合格，应符合下列规定。

1. 检验批应按主控项目和一般项目验收；

2. 主控项目应全部合格；

3. 一般项目应检验批合格；当采用计数抽样检验时正常检验一次、二次抽样应符合 GB 50300《建筑工程施工质量验收统一标准》的规定，判定结果合格；

4. 应具有完整的施工操作依据、检查部位和质量情况的原始记录。

绿色建筑分项工程质量验收合格，应符合下列规定。

1. 分项工程所含的检验批均应合格；

2. 分项工程所含检验批的质量验收记录应完整。

绿色建筑分部工程质量验收合格，应符合下列规定。

1. 子分部、分项工程应全部合格；

2. 质量控制资料应完整；

3. 有关检验资料应完整。

绿色建筑工程验收资料应按规定建立电子档案，验收时应对下列资料进行核查。

1. 设计文件、图纸会审记录、设计变更和洽商记录；

2. 主要材料、设备、构件的质量证明文件、进场检验记录、进场核查记录、进场复验报告、见证试验报告；

3. 隐蔽工程验收记录和相关图像资料；

4. 分项工程质量验收记录，必要时应核查检验批验收记录；

5. 建筑外墙节能构造现场实体检验报告或外墙传热系数检验报告；

6. 外窗气密性现场检验报告；

7. 风管系统严密性检验记录；

8. 现场组装的组合式空调机组漏风量测试记录；

9. 设备单机试运转及调试记录；

10. 设备系统联合试运转及调试记录；

11. 设备系统节能性能检验报告；

12. 能效测评报告；

13. 其他对工程质量有影响的重要技术资料。

绿色建筑分部工程的验收记录可按本标准附录 C 填写。

绿色建筑的分项工程和检验批的质量验收记录可按 GB 50300《建筑工程施工质量验收统一标准》的要求填写。检验批原始记录格式可按附录C填写。

质量控制资料和有关检验资料应符合GB 50300《建筑工程施工质量验收统一标准》中表H.0.1-2、表H.0.1-3建筑节能部分的要求。

18 绿色施工技术
(基坑降水、太阳能等施工)

18.1 基坑施工封闭降水技术

1. 技术内容

基坑封闭降水是指在坑底和基坑侧壁采用截水措施，在基坑周边形成止水帷幕，阻截基坑侧壁及基坑底面的地下水流入基坑，并在基坑降水过程中对基坑以外地下水位不产生影响的降水方法。基坑施工时应按需降水或隔离水源。

在我国沿海地区宜采用地下连续墙或护坡桩＋搅拌桩止水帷幕的地下水封闭措施；内陆地区宜采用护坡桩＋旋喷桩止水帷幕的地下水封闭措施；河流阶地地区宜采用双排或三排搅拌桩对基坑进行封闭，同时兼做支护的地下水封闭措施。

2. 技术指标

1）封闭深度：宜采用悬挂式竖向截水和水平封底相结合的形式，在没有水平封底措施的情况下要求侧壁帷幕（连续墙、搅拌桩、旋喷桩等）插入基坑下卧不透水土层一定深度。深度情况应满足下式计算：

$$L = 0.2h_w - 0.5b$$

式中 L——帷幕插入不透水层的深度；

h_w——作用水头的高度；

b——帷幕厚度。

2）截水帷幕厚度：满足抗渗要求，渗透系数宜小于 1.0×10^{-6} cm/s。

3）基坑内井深度：可采用疏干井和降水井，若采用降水井，井深度不宜超过截水帷幕深度；若采用疏干井，井深应插入下层强透水层。

4）结构安全性：截水帷幕必须在有安全的基坑支护措施配合下使用（如注浆法），或者帷幕本身经计算能同时满足基坑支护的要求（如地下连续墙）。

3. 适用范围

适用于有地下水存在的所有非岩石地层的基坑工程。

18.2 施工现场水收集综合利用技术

1. 技术内容

施工过程中应高度重视施工现场非传统水源的水收集与综合利用技术，该项技术包括基坑施工降水回收利用技术、雨水回收利用技术、现场生产和生活废水回收利用技术。

（1）基坑施工降水回收利用技术，一般包含两种技术：一是利用自渗效果将上层滞水引渗至下层潜水层中，可使部分水资源重新回灌至地下的回收利用技术；二是将降水所抽水体集中存放至施工时再利用。

（2）雨水回收利用技术是指在施工现场中将雨水收集后，经过雨水渗蓄、沉淀等处理，集中存放再利用。回收水可直接用于冲刷厕所、施工现场洗车及现场洒水控制扬尘。

（3）施工生产和生活废水利用技术是指将施工生产和生活废水经过过滤、沉淀或净化等处理达标后再利用。

经过处理或水质达到要求的水体可用于绿化、结构养护用水以及混凝土试块养护用水等。

2. 技术指标

（1）利用自渗效果将上层滞水引渗至下层潜水层中，有回灌量、集中存放量和使用量记录。

（2）施工现场用水至少应有20%来源于雨水和生产废水回收利用等。

（3）污水排放应符合GB 8978《污水综合排放标准》。

（4）基坑降水回收利用率为

$$R = K_6 \times \frac{Q_1 + q_1 + q_2 + q_3}{Q_0} \times 100\%$$

式中 Q_0——基坑涌水量（m^3/d），按照最不利条件下计算最大流量；

Q_1——回灌至地下的水量（根据地质情况及试验确定）；

q_1——现场生活用水量（m^3/d）；

q_2——现场控制扬尘用水量（m^3/d）；

q_3——施工砌筑抹灰等用水量（m^3/d）；

K_6——损失系数，取0.85～0.95。

3. 适用范围

基坑封闭降水技术适用于地下水面埋藏较浅的地区；雨水及废水利用技术适用于各类施工工程。

18.3 施工现场太阳能光伏发电照明技术

1. 技术内容

施工现场太阳能光伏发电照明技术是利用太阳能电池组

件将太阳光能直接转化为电能储存并用于施工现场照明系统的技术。发电系统主要由光伏组件、控制器、蓄电池（组）和逆变器（当照明负载为直流电时，不使用）及照明负载等组成。

2. 技术指标

施工现场太阳能光伏发电照明技术中的照明灯具负载应为直流负载，灯具选用以工作电压为 12V 的 LED 灯为主。生活区安装太阳能发电电池，保证道路照明使用率达到 90%以上。

（1）光伏组件：具有封装及内部联结的、能单独提供直流电输出、最小不可分割的太阳电池组合装置，又称太阳电池组件。太阳光充足日照好的地区，宜采用多晶硅太阳能电池；阴雨天比较多、阳光相对不是很充足的地区，宜采用单晶硅太阳能电池；对于其他新型太阳能电池，可根据太阳能电池发展趋势选用新型低成本太阳能电池；选用的太阳能电池输出的电压应比蓄电池的额定电压高 20%~30%，以保证蓄电池正常充电。

（2）太阳能控制器：控制整个系统的工作状态，并对蓄电池起到过充电保护、过放电保护的作用；在温差较大的地方，应具备温度补偿和路灯控制功能。

（3）蓄电池：一般为铅酸电池。在小微型系统中，也可用镍氢电池、镍镉电池或锂电池。根据临建照明系统整体用电负荷数，选用适合容量的蓄电池，蓄电池额定工作电压通常选 12V，容量为日负荷消耗量的 6 倍左右，可根据项目具体使用情况组成电池组。

3. 适用范围

施工现场临时照明，如路灯、加工棚照明、办公区廊灯、食堂照明、卫生间照明等。

18.4 太阳能热水应用技术

1. 技术内容

太阳能热水技术是利用太阳光将水加热的装置。太阳能热水器分为真空管式太阳能热水器和平板式太阳能热水器。真空管式太阳能热水器占据国内95%的市场份额，太阳能光热发电比光伏发电的太阳能转化效率高，它由集热部件（真空管管式为真空集热管，平板板式为平板集热器）、保温水箱、支架、连接管道、控制部件等组成。

2. 技术指标

（1）太阳能热水技术系统由集热器外壳、水箱内胆、水箱外壳、控制器、水泵、内循环系统等组成。常见太阳能热水器安装技术参数见表18.1。

表18.1 太阳能热水器安装技术参数

产品型号	水箱容积（t）	集热面积（m^2）	集热管规格（mm）	集热管支数（支）	适用人数
DFJN-1	1	15	φ47×1500	120	20～25
DFJN-2	2	30	φ47×1500	240	40～50
DFJN-3	3	45	φ47×1500	360	60～70
DFJN-4	4	60	φ47×1500	480	80～90
DFJN-5	5	75	φ47×1500	600	100～120
DFJN-6	6	90	φ47×1500	720	120～140
DFJN-7	7	105	φ47×1500	840	140～160
DFJN-8	8	120	φ47×1500	960	160～180
DFJN-9	9	135	φ47×1500	1080	180～200

续表

产品型号	水箱容积（t）	集热面积（m^2）	集热管规格（mm）	集热管支数（支）	适用人数
DFJN-10	10	150	φ47×1500	1200	200～240
DFJN-15	15	225	φ47×1500	1800	300～360
DFJN-20	20	300	φ47×1500	2400	400～500
DFJN-30	30	450	φ47×1500	3600	600～700
DFJN-40	40	600	φ47×1500	4800	800～900
DFJN-50	50	750	φ47×1500	6000	1000～1100

注：因每人每次洗浴用水量不同，故表中所标适用人数为参考洗浴人数，请购买时根据实际情况选择合适的型号安装。

（2）太阳能集热器相对储水箱的位置应使循环管路尽可能短；集热器面向正南或正南偏西 5°，条件不允许时可面向正南±30°；平板型、竖插式真空管太阳能集热器安装倾角需由工程所在地区纬度调整，一般情况安装角度等于当地纬度或当地纬度±10°；集热器应避免遮光物或前排集热器的遮挡，应尽量避免反射光对附近建筑物引起光污染。

（3）采购的太阳能热水器的热性能、耐压、电气强度、外观等检测项目，应依据 GB/T 19141《家用太阳热水系统技术条件》标准要求执行。

（4）宜选用合理先进的控制系统，控制主机启停、水箱补水、用户用水等；系统用水箱和管道需做好保温防冻措施。

3. 适用范围

适用于太阳能丰富的地区和施工现场办公、生活区临时热水供应。

18.5 空气能热水技术

1. 技术内容

空气能热水技术是运用热泵工作原理，吸收空气中的低能热量，经过中间介质的热交换，并压缩成高温气体，通过管道循环系统对水加热的技术。空气能热水器是采用制冷原理从空气中吸收热量来加热水的“热量搬运”装置，把一种沸点为零下10多度的制冷剂通到交换机中，制冷剂通过蒸发由液态变成气态从空气中吸收热量，再经过压缩机加压做功，制冷剂的温度就能骤升80～120℃。空气能热水器具有高效节能的特点，比常规电热水器的热效率高380%～600%，比电辅助太阳能热水器利用能效高，制造相同的热水量耗电只有电热水器的1/4。

2. 技术指标

(1) 空气能热水器利用空气能，不需要阳光，因此放在室内或室外均可，温度在零度以上，就可以24h全天候承压运行；部分空气能（源）热泵热水器参数见表18.2。

表18.2 部分空气能（源）热泵热水器参数

机组型号	2P	3P		5P	10P
额定制热量（kW）	6.79	8.87	8.87	14.97	30
额定输入功率（kW）	1.96	2.88	2.83	4.67	9.34
最大输入功率（kW）	2.5	3.6	3.8	6.4	12.8
额定电流（A）	9.1	14.4	5.1	8.4	16.8
最大输入电流（A）	11.4	16.2	7.1	12	20
电源电压（V）	220		380		
最高出水温度（℃）	60				

续表

机组型号	2P	3P		5P	10P
额定出水温度（℃）	55				
额定使用水压（MPa）	0.7				
热水循环水量（m^3/h）	3.6	7.8	7.8	11.4	19.2
循环泵扬程（m）	3.5	5	5	5	7.5
水泵输出功率（W）	40	100	100	125	250
产水量（L/h，20～55℃）	150	300	300	400	800
COP值	2～5.5				
水管接头规格	DN20	DN25	DN25	DN25	DN32
环境温度要求（℃）	−5～40				
运行噪声［dB（A）］	≤50	≤55	≤55	≤60	≤60
选配热水箱容积（t）	1～1.5	2～2.5	2～2.5	3～4	5～8

（2）工程现场使用空气能热水器时，空气能热泵机组应尽可能布置在室外，进风和排风应通畅，避免造成气流短路。机组间的距离应保持在2m以上，机组与主体建筑或临建墙体（封闭遮挡类墙面或构件）间的距离应保持在3m以上；另外为避免排风短路，在机组上部不应设置挡雨棚之类的遮挡物；如果机组必须布置在室内，应采取提高风机静压的办法，接风管将排风排至室外。

（3）宜选用合理先进的控制系统，控制主机启停、水箱补水、用户用水以及其他辅助热源切入与退出；系统用水箱和管道需做好保温防冻措施。

3. 适用范围

适用于施工现场办公、生活区临时热水供应。

18.6　绿色施工在线监测评价技术

1. 技术内容

绿色施工在线监测及量化评价技术是根据绿色施工评价标准，通过在施工现场安装智能仪表并借助 GPRS 通信和计算机软件技术，随时随地以数字化的方式对施工现场能耗、水耗、施工噪声、施工扬尘、大型施工设备安全运行状况等各项绿色施工指标数据进行实时监测、记录、统计、分析、评价和预警的监测系统和评价体系。

绿色施工涉及管理、技术、材料、工艺、装备等多个方面。根据绿色施工现场的特点以及施工流程，在确保施工各项目都能得到监测的前提下，绿色施工监测内容应尽可能全面，用最小的成本获得最大限度的绿色施工数据，绿色施工在线监测对象应包括但不限于图 18.1 所示内容。

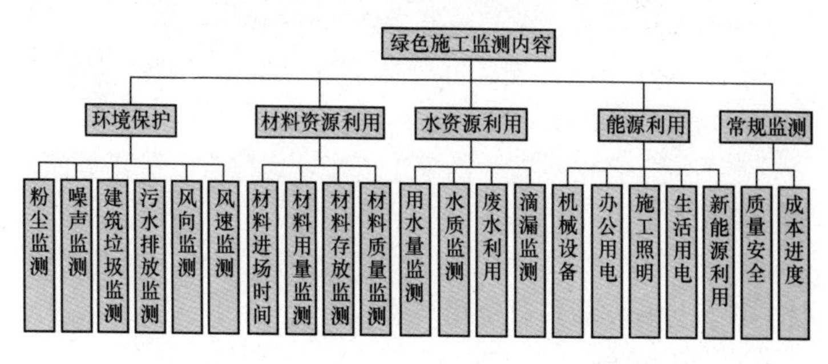

图 18.1　绿色施工在线监测对象内容框架

监测及量化评价系统构成以传感器为监测基础，以无线数据传输技术为通信手段，包括现场监测子系统、数据中心和数据分析处理子系统。现场监测子系统是由分布在各个监测点的智能传感器和HCC可编程通信处理器组成的监测节点，利用无线通信方式进行数据的转发和传输，达到实时监测施工用电、用水、施工产生的噪声和粉尘、风速风向等数据。数据中心负责接收数据和初步的处理、存储，数据分析处理子系统则将初步处理的数据进行量化评价和预警，并依据授权发布处理数据。

2. 技术指标

（1）绿色施工在线监测及评价内容包括数据记录、分析及量化评价和预警。

（2）应符合GB 12523《建筑施工场界环境噪声排放标准》、GB 8978《污水综合排放标准》、GB 5749《生活饮用水卫生标准》；建筑垃圾产生量应不高于350吨/万平方米。施工现场扬尘监测主要为PM2.5、PM10的控制监测，PM10不超过所在区域的120%。

（3）受风力影响较大的施工工序场地、机械设备（如塔吊）处风向、风速监测仪安装率宜达到100%。

（4）现场施工照明、办公区需安装高效节能灯具（如LED）、声光智能开关，安装覆盖率宜达到100%。

（5）对于危险性较大的施工工序，远程监控安装率宜达到100%。

（6）材料进场时间、用量、验收情况实时录入监测系统，保证远程实时接收监测结果。

3. 适用范围

适用于规模较大、科技及质量示范类项目的施工现场。

附录A 绿色建筑工程进场材料和设备复验项目

A.1 绿色建筑工程进场材料和设备的复验项目应符合表A.1的规定。

表A.1 绿色建筑工程进场材料和设备的复验项目

章号	章节名称	主要内容	抽样检测数量
2	墙体工程	1. 保温隔热材料的导热系数或热阻、密度、压缩强度或抗压强度、垂直于板面方向的抗拉强度，有机保温材料的燃烧性能，外墙体保温隔热材料的吸水率，内墙体有机保温材料的烟密度、烟毒性 2. 保温砌块、构件等定型产品的传热系数或热阻、抗压强度 3. 反射隔热涂料的太阳光反射比，半球发射率 4. 粘结材料的拉伸粘结强度 5. 抹面材料的拉伸粘结强度、压折比 6. 增强网的力学性能、抗腐蚀性能 7. 外墙保温浆料做保温层时制作同条件养护试件，检测其导热系数、干密度和抗压强度	同厂家、同品种有机保温隔热材料产品，其燃烧性能按照建筑面积抽查：建筑面积10000m²以下的每5000m²至少抽查1次，不足5000m²时也应抽查1次；超过10000m²时，每增加10000m²应至少增加抽查1次 其他各项参数的抽查，按照同厂家、同品种产品，外墙、内墙每1000m²扣除窗洞后的保温墙面面积使用的材料为一个检验批，每个检验批应至少抽查1次；不足1000m²时也应抽查1次；超过1000m²时，每增加2000m²应至少增加抽查1次；超过5000m²时，每增加5000m²应增加抽查1次 同工程项目、同施工单位且同时施工的多个单位工程（群体建筑），可合并计算保温墙面抽检面积

续表

章号	章节名称	主要内容	抽样检测数量
5	幕墙工程	1. 保温材料：导热系数、密度 2. 幕墙玻璃：可见光透射比、传热系数、遮阳系数（夏热冬冷地区）、中空玻璃露点 3. 隔热型材：抗拉强度、抗剪强度	同一厂家的同一种产品抽查不少于一组
		4. 幕墙的气密性能	应现场抽取材料和配件，在检测试验室安装制作试件并进行气密性能检测
4	门窗工程	1. 寒冷地区：气密性、传热系数和中空玻璃露点 2. 夏热冬冷地区：气密性、传热系数、玻璃遮阳系数、可见光透射比、中空玻璃露点、遮阳一体化窗的遮阳系数和采光性能	同一厂家、同一品种、同一类型的产品各抽查不少于3樘（件）
5	屋面工程	1. 保温隔热材料：导热系数或热阻、密度、吸水率、抗压强度或压缩强度、有机保温材料的燃烧性能 2. 隔热涂料：太阳光反射比、半球发射率	同厂家、同品种，每1000m²屋面使用的材料为一个检验批，每个检验批抽查1次；不足1000m²时抽查1次 屋面超过1000m²时，每增加2000m²应增加1次抽样；屋面超过5000m²时，每增加3000m²应增加1次抽样 同项目、同施工单位且同时施工的多个单位工程（群体建筑），可合并计算屋面抽检面积

续表

章号	章节名称	主要内容	抽样检测数量
6	地面工程	保温材料： 1. 导热系数或热阻 2. 密度 3. 吸水率 4. 抗压强度或压缩强度 5. 有机保温材料的燃烧性能、烟毒性、烟密度	同厂家、同品种，每 $1000m^2$ 地面使用的材料为一个检验批，每个检验批抽查1次；不足 $1000m^2$ 时抽查1次 地面超过 $1000m^2$ 时，每增加 $2000m^2$ 应增加1次抽样；地面超过 $5000m^2$ 时，每增加 $3000m^2$ 应增加1次抽样 同项目、同施工单位且同时施工的多个单位工程（群体建筑），可合并计算地面抽检面积
7	供暖工程	风机盘管机组： 1. 供冷量 2. 供热量 3. 风量 4. 出口静压 5. 噪声及功率 绝热材料： 1. 导热系数 2. 密度 3. 吸水率。	同一厂家的风机盘管机组按数量复验2%，但不得少于2台；同一厂家同材质的绝热材料复验次数不得少于2次
9	建筑电气工程	电缆（电线）： 1. 截面积 2. 线芯导体电阻值 灯具： 1. 荧光灯具和高强度气体放电灯具的效率 2. 管型荧光灯能效值 变压器低压侧总开关处设置的电子式多功能电表： 1. 有功功率 2. 功率因数 3. 有功电能 4. 最大需量 5. 总谐波含量	导线同品牌进场规格总数的10%，且不少于2个用量最多的规格 灯具同品牌进场规格总数的10%，且不少于2个用量最多的规格 电子式多功能电表全数检查

续表

章号	章节名称	主要内容	抽样检测数量
12	室内环境	1. 入户门、外窗的空气声隔声性能 2. 隔声构件或材料的空气声隔声性能；吸声材料的吸声性能	门窗每个检验批应抽查5%，并不少于3樘，不足3樘时应全数检查。建筑构件和建筑隔声吸声材料每检验批不少于1组
		1. 石材 2. 人造板及其制品 3. 建筑涂料 4. 溶剂型木器涂料 5. 胶粘剂 6. 木家具 7. 壁纸 8. 聚氯乙烯卷材地板 9. 地毯 10. 地毯衬垫及地毯胶粘剂	每个检验批应至少抽查3个点，并不得少于3间，不足3间应抽查3个点
15	可再生能源系统	地源热泵换热系统节能工程的地埋管材及管件、绝热材料 1. 地埋管材及管件导热系数、公称压力及使用温度等参数； 2. 绝热材料的导热系数、密度、吸水率	每批次地埋管材进场取1～2m进行见证取样送检；每批次管件进场按其数量的1%进行见证取样送检；同一厂家、同材质的绝热材料见证取样送检的次数不得少于2次

附录B　绿色建筑工程现场检测项目

B.1　绿色建筑工程现场检测项目应符合表B.1的规定

表B.1　绿色建筑工程现场检测项目

分项工程	检测项目	备注
节能与能源利用	1. 外围护结构传热系数 2. 外窗气密性 3. 非透光围护结构热工性能（包括传热系数、热桥部位内表面温度、隔热性能和热工缺陷） 4. 透光围护结构热工性能（包括传热系数、遮阳系数、可见光透射比、中空玻璃露点和隔热性能） 5. 系统节能性能 6. 保温板材与基层的粘结面积比 7. 保温板材与基层的拉伸粘结强度 8. 后置锚固件当设计或施工方案对锚固力有具体要求时，锚固力现场拉拔试验 9. 7层以下建筑的外墙外保温工程采用粘贴饰面砖做饰面层时，饰面砖粘结强度拉拔试验 10. 安装在楼板底面、地下室顶板底面和架空楼板底面的保温板现场拉伸粘接强度检验、锚固件锚固抗拔力检验	

续表

分项工程	检测项目	备注
室内环境质量	1. 室内空气污染物浓度（PM2.5、PM10） 2. 室内声环境［包括室内背景噪声、分户墙（房间之间）空气声隔声、楼板撞击声隔声性能］ 3. 公共建筑中的体育场馆、多功能厅、接待大厅、大型会议室和剧场等其他有声学特性设计要求房间的声学特性。 4. 建筑物的采光系数和采光均匀度（顶部采光时） 5. 自然通风效果 6. 室内主要功能房间的温湿度 7. 检查相关功能区域的功率密度值 8. 室内温湿度	
可再生能源利用	1. 太阳能光热系统全年集热系统得热量、太阳能保证率和系统集热效率 2. 太阳能光伏系统年发电量和光电转换效率 3. 地源热泵系统能效比	
节水与水资源利用	1. 节水器具的节水效率 2. 管道漏损和管网年漏损率 3. 非传统水源利用率 4. 污水排放水质	
节材与材料资源利用	施工现场500km以内生产的建筑材料质量占建筑材料总质量的比例	
节地与室外环境	1. 室外空气质量 2. 室外光污染 3. 周围环境噪声	

附录 C 绿色建筑分部工程、检验批原始记录表

C.1 绿色建筑分部工程验收可按表 C.1 填写。

C.2 绿色建筑检验批现场检查原始记录可按表 C.2 填写。

表 C.1 绿色建筑分部工程验收记录

单位（子单位）工程名称		子分部工程数量		分项工程数量	
施工单位		项目负责人		技术（质量）负责人	
分包单位		分包单位负责人		分包内容	
序号	子分部工程名称	分项工程名称	检验批数量	施工单位检查结果	监理单位验收结论
1					
2					
3					
4					
5					

续表

<table>
<tr><td>序号</td><td>子分部工程名称</td><td>分项工程名称</td><td>检验批数量</td><td>施工单位检查结果</td><td colspan="2">监理单位验收结论</td></tr>
<tr><td>6</td><td></td><td></td><td></td><td></td><td colspan="2"></td></tr>
<tr><td>7</td><td></td><td></td><td></td><td></td><td colspan="2"></td></tr>
<tr><td>8</td><td></td><td></td><td></td><td></td><td colspan="2"></td></tr>
<tr><td colspan="4">质量控制资料</td><td colspan="3"></td></tr>
<tr><td colspan="4">有关节能的检验资料</td><td colspan="3"></td></tr>
<tr><td>综合验收结论</td><td colspan="6"></td></tr>
<tr><td colspan="4">施工单位
项目负责人：
年　月　日</td><td colspan="2">设计单位
项目负责人：
年　月　日</td><td>监理单位
总监理工程师（建设单位项目负责人）：
年　月　日</td></tr>
</table>

表 C.2 检验批质量现场检查原始记录

单位（子单位）工程名称		分部（子分部）工程名称		分项工程名称	
施工单位		项目负责人		检验批容量	
分包单位		分包单位项目负责人		检验批部位	
选择计数抽样方案					

	项目	检查部位及质量情况
主控项目检查		
一般项目检查		

	项目		测量部位 / 测量数据 / 设计要求（mm）																
现场测量																			

专业工长：	质量检查员：	监理工程师：
年　月　日	年　月　日	年　月　日

附录 D 保温材料粘贴面积比剥离检验方法

D.1 本方法适用于外墙保温构造中保温材料粘贴面积比的检验。

D.2 保温材料粘贴面积比剥离检验应在保温材料粘贴完成后、抹面层未施工之前进行。

D.3 保温材料粘贴面积比剥离检验应在监理（建设）人员见证下实施。

D.4 保温材料粘贴面积比剥离检验的取样部位、数量及面积（尺寸），应遵守下列规定：

1. 取样部位应由监理（建设）与施工双方共同确定，宜兼顾不同朝向和楼层、均匀分布；取样部位必须确保剥离检查时操作安全、方便，不得在外墙施工前预先确定；

2. 取样数量为每个检验批抽检不少于 2 处，每处不少于 3 个点；

3. 取样面积（尺寸）应与该工程保温板材的大多数规格的面积一致（标准板 1200mm×600mm）。

D.5 剥离检验应遵守下列规定：

1. 检验方法：将粘贴好的保温材料从墙上剥离，检测粘结在基层墙体上的胶粘剂与保温材料粘结面的尺寸（虚粘部分不计算在内）。

2. 尺寸测量工具：精度为 1mm 的钢直尺或钢卷尺。

3. 保温材料粘贴方式为点框粘时，测量框粘的长度和宽度，同时测量砂浆圆饼的直径，计算框粘和点粘的粘结面积。

4. 保温材料粘贴方式为条粘时，测量砂浆条的长度和宽度，计算粘结面积。

D.6 保温材料粘贴面积比应按下式计算：

$$S=\frac{\sum_{i=1}^{n}F_i}{F}\times 100$$

式中 S——粘结面积与保温板面积的比值（%）；

F——保温板的面积（mm^2）；

F_i——第 i 块粘浆部分的面积（mm^2），计算精确至 1%。

D.7 当实测试样的粘贴面积比大于或等于设计要求和 40% 时，应判定保温材料粘贴面积比符合标准要求；当实测试样的粘贴面积比小于设计要求和 40%时，应判定保温材料粘贴面积比不符合标准要求。

D.8 当取样检验结果不符合标准要求时，应委托具备检测资质的见证检测机构增加 1 倍数量再次取样检验，若粘贴面积比大于或等于设计要求和 40%，可判定检验合格；粘贴面积比仍小于设计要求和 40%，判定检验不合格。

附录E 保温板材与基层的拉伸粘结强度现场拉拔试验方法

E.1 一般规定

E.1.1 本方法适用于外墙保温中保温层与粘结砂浆、粘结砂浆与基层墙体之间的粘结强度检验。

E.1.2 检测应在保温层养护时间达到粘结材料要求的龄期后，下道工序施工前进行。

E.1.3 检测应在检测机构、监理（建设）、施工方三方人员的见证下实施。

E.1.4 建筑外墙面积每1000m²为一个检验批，每批取5个测试点。取样部位应由监理（建设）与施工双方共同确定，宜兼顾不同朝向和楼层、均匀分布；取样部位必须确保粘结强度检验时操作安全、方便，不得在外墙施工前预先确定。

E.2 仪器设备

E.2.1 采用的粘结强度检测仪，应符合现行行业标准JG 3056《数显式粘结强度检测仪》的规定。

E.2.2 钢直尺的分度值应为1mm。

E.2.3 标准块按长、宽、厚的尺寸为40mm×40mm×6mm或45mm×95mm×6mm的钢材制作标准试件。

E. 2. 4　辅助工具及材料：

1. 手持式切割锯；

2. 粘结标准块与试样粘结剂强度大于 1. 0MPa；

3. 直径为 3mm 的铁丝。

E. 3　试验方法

E. 3. 1　保温层与粘结砂浆之间粘结强度检验：

1. 清除抹面层，露出保温层，将标准块用胶粘剂固定于保温层上（选择满粘处），标准块粘贴后应及时固定（可制成 U 形卡）。

2. 胶粘剂达到粘结强度要求后，用手锯将保温层切割至粘结砂浆表面，试样切割长度和宽度应与标准块相同。

3. 粘结强度检验仪器安装和测试程序应按现行行业标准 JGJ 110《建筑工程饰面砖粘结强度检验标准》规定进行。

E. 3. 2　粘结砂浆与基层墙体之间的粘结强度检验：

1. 清除保温层，露出粘结砂浆，用切割锯按标准块长度、宽度切割粘结砂浆至基层墙体；

2. 标准块用胶粘剂固定在粘结砂浆试块上，待胶粘剂满足粘结强度要求后按现行行业标准 JGJ 110《建筑工程饰面砖粘结强度检验标准》规定进行粘结强度检验。

E. 4　粘结强度计算

E. 4. 1　试样粘结强度应按下式计算：

$$R_i = \frac{X_i}{S_i}$$

式中　R_i——第 i 个试样的粘结强度（MPa），精确到0.1MPa；

X_i——第 i 个试样粘结力（N）；

S_i——第 i 个试样断面面积（mm^2）。

$$R_m = \frac{1}{5}\sum_{i=1}^{5} R_i$$

式中　R_m——每组试样平均粘结强度（MPa），精确到0.1MPa。

附录F 保温浆料导热系数、干密度、抗压强度同条件养护试验方法

F.1 取　　样

检测保温浆料干密度、抗压强度、导热系数的试样应在现场搅拌的同一拌和物中提取。

F.2 仪器设备

F.2.1 抗压强度试模：70.7mm×70.7mm×70.7mm钢质有底试模，应具有足够的刚度并拆装方便。试模的内表面平整度为每100mm不超过0.5mm，组装后各相邻面的不垂直度应小于0.5°。

F.2.2 导热系数试模：钢质有底试模，几何尺寸按导热系数测试仪器要求确定。

F.2.3 捣棒：直径10mm、长350mm的钢棒，端部应磨圆。

F.2.4 油灰刀。

F.3 试件的制备

F.3.1 试模内壁涂刷薄层脱模剂。

F.3.2 抗压强度试件数量为2个三联试模、6个试件，导热系数试件数量为2个试件。

F.3.3 将在现场搅拌的拌和物一次注满试模，并略高于其上表面，用捣棒均匀由外向里按螺旋方向轻轻插捣25次，插捣时用力不应过大，尽量不破坏其保温骨料。为防止可能留下孔洞，允许用油灰刀沿模壁插捣数次或用橡皮锤轻轻敲击试模四周，直至插捣棒留下的空洞消失，最后将高出部分的拌和物沿试模顶面削去抹平。

F.3.4 试件制作后用木箱或钢筋笼放置于保温墙体处，其养护条件与保温墙体相同。龄期按日平均温度逐日累计达到600℃时所对应的天数（0℃以下的龄期、温度不能计入），同时要求等效养护龄期不应小于14d，也不宜大于60d。

F.4 试验方法

F.4.1 干密度试验试件可利用抗压强度试件，在抗压强度试验前进行。干密度按GB/T 5486《无机硬质绝热制品试验方法》的规定进行测定，试验结果以6块试件检测值的算术平均值表示。

F.4.2 抗压强度试按GB/T 5486《无机硬质绝热制品试验方法》的规定进行试验，以6个试件检测值的算术平均值作为抗压强度值。

F.4.3 导热系数试验按GB/T 10294《绝热材料稳态热阻及有关特性的测定 防护热板法》的规定进行，允许按GB/T 10295《绝热材料稳态热阻及有关特性的测定 热流计法》的规定进行，如有异议，以GB/T 10294《绝热材料稳态热阻及有关特性的测定 热流计法》作为仲裁检验方法。

参考文献

1. 中华人民共和国住房和城乡建设部．建筑施工组织设计规范：GB/T 50502. 北京：中国建筑工业出版社．

2. 中华人民共和国住房和城乡建设部. 绿色建筑评标标准：GB/T 50378. 北京：中国建筑工业出版社.

3. 中华人民共和国住房和城乡建设部. 民用建筑热工设计规范（含光盘）：GB 50176. 北京：中国建筑工业出版社.

4. 中华人民共和国住房和城乡建设部. 公共建筑节能设计标准：GB 50189. 北京：中国建筑工业出版社.

5. 中华人民共和国住房和城乡建设部. 建筑地面工程施工质量验收规范：GB 50209. 北京：中国计划出版社.

6. 中华人民共和国住房和城乡建设部. 建筑装饰装修工程质量验收规范：GB 50210. 北京：中国建筑工业出版社.

7. 中华人民共和国住房和城乡建设部. 建筑节能工程施工质量验收规范：GB 50411. 北京：中国建筑工业出版社.

8. 中华人民共和国住房和城乡建设部. 建筑工程绿色施工评价标准：GB/T 50640. 北京：中国计划出版社.